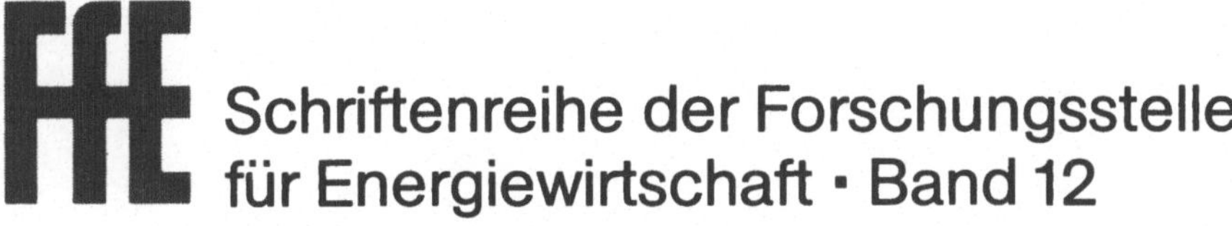

Schriftenreihe der Forschungsstelle für Energiewirtschaft · Band 12

Aus den Arbeiten der
Forschungsstelle für Energiewirtschaft, München
und des
Lehrstuhls für Energiewirtschaft und Kraftwerkstechnik der Technischen Universität München

Wissenschaftliche Redaktion: H. Schaefer

L. Rouvel

Raum-konditionierung

Wege zum energetisch optimierten Gebäude

Springer-Verlag
Berlin Heidelberg New York 1978

Dr.-Ing. Lothar Rouvel
Wissenschaftlicher Rat am Lehrstuhl für Energiewirtschaft und Kraftwerkstechnik
der Technischen Universität München

Dr.-Ing. Helmut Schaefer
o. Professor an der Technischen Universität München
Lehrstuhl für Energiewirtschaft und Kraftwerkstechnik
Wissenschaftlicher Leiter der Forschungsstelle für Energiewirtschaft München

ISBN-13:978-3-540-09048-9   e-ISBN-13:978-3-642-81282-8
DOI: 10.1007/978-3-642-81282-8

2362/3020-543210

Vorwort

Die Bedeutung der Raumkonditionierung für die Energiewirtschaft und für die Realisierung eines rationelleren Energieeinsatzes wird deutlich, wenn man am Energiebedarf nach den verschiedenen Bedarfsarten analysiert. Annähernd 40 % des Endenergieverbrauchs in der BRD dienen der Raumheizung und unter Einschluß von Raumbeleuchtung, -kühlung und -klimatisierung werden mehr als 50 % des Endenergieverbrauchs zur Raumkonditionierung eingesetzt.

Der hier vorliegende Band 12 der FfE-Schriftenreihe eröffnet die in Kooperation mit dem Springer-Verlag neu konzipierte Aufmachung und Vertriebsweise dieser Reihe. Er entstand aus den wissenschaftlichen Arbeiten der Forschungsstelle für Energiewirtschaft in München und des Lehrstuhls für Energiewirtschaft und Kraftwerkstechnik der Technischen Universität München und befaßt sich mit einer integralen Betrachtung des Energiehaushaltes von Gebäuden, seinen Einflußparametern, seiner eindeutigen Quantifizierung und den Möglichkeiten zu seiner Optimierung. Ausgangspunkt sind die Anforderungen an das Raumklima, die erfüllt werden müssen, um physiologisch vom Menschen als behaglich empfundene Bedingungen zu schaffen. Hinzu kommen Einflußgrößen wie die klimatischen Verhältnisse der Umwelt, das Baukonzept, die Bauweise, die Raumnutzung und die energetische Gestaltung der Haustechnik, die jeweils einzeln aber auch in ihrer gegenseitigen Beeinflussung untersucht werden.

Das hier behandelte Gebiet ist von großer Bedeutung für die energetisch optimierte Auslegung der Haustechnik von Gebäuden, nicht zuletzt, weil daraus klar wird, inwieweit bei entsprechenden baulichen Voraussetzungen auf eine Raumkühlung und -klimatisierung verzichtet werden kann. Trotz der vielfältigen Zusammenhänge, die bei der Bestimmung des Energiehaushaltes eines Gebäudes und der Optimierung seiner Anlagen zur Raumkonditionierung zu behandeln sind, ist es gelungen, eine klare und übersichtliche Darstellung der Ergebnisse zu finden. Die gewonnenen Ergebnisse und Erkenntnisse sind richtungsweisend und haben sich bei Pilotanlagen bewährt. Sie haben darüber hinaus im Rahmen einer Studie des Bundesministeriums für Forschung und Technologie über Konzeptionen zur rationellen Energieversorgung öffentlicher Bauvorhaben an konkreten Beispielen der geplanten Neubauten von Bundestag und Bundesrat entscheidende Impulse für eine integrierte Planung von Gebäude, Haustechnik und Energieversorgung gegeben.

München, im Juli 1978   Helmut Schaefer

Inhaltsverzeichnis

Symbol	Bedeutung	Einheit
A	Fläche	m^2
a	Annuität	—
	spezifische Fläche	—
	Absorptionsfaktor für Sonnenstrahlung	—
	Fugendurchlässigkeit	—
b	Vollbenutzungsstunden	h/a
	Durchlaßfaktor für Sonnenstrahlung	—
C	Wärmekapazität	kJ/K
c	spezifische Wärmekapazität	kJ/kgK
E	Beleuchtungsstärke	lx
f	Korrekturfaktor	—
g	Glasanteil	—
H	Hauskenngröße	—
I	Investition	DM
i	spezifische Investition	DM/W; DM/m^2
K	CO_2-Volumen pro Stunde	m^3/h
	Kosten pro Jahr	DM/a
k	Wärmedurchgangszahl	W/m^2K
	CO_2-Konzentration	—
	Korrekturfaktor	—
L	Schallpegel	dB (A)
l	Restwärmefaktor	—
n	Nutzungsdauer	a
P	Momentanleistung	kW
p	Wärmestromdichte	W/m^2
p_W	Wärmepreis	DM/MWh
p_z	Zinsfuß	%/a
Q	Wärmebedarf, Kältebedarf	kJ; kWh
	Heizlast, Kühllast	
	Wärmeverbrauch, Kälteverbrauch	
	(Wärmemenge innerhalb einer Zeitspanne)	
$q = Q/A$	spezifische Wärmemenge innerhalb einer Zeitspanne	kJ/m^2; kWh/m^2
R	Rentabilität	—
	Wärmewiderstand	K/W
	Raumkenngröße	—
s	Dicke eines Bauteiles	m
T	Tageslichtquotient	—
	Zeitperiode	s; h
	Zeitkonstante	s; h
	Trübungsfaktor	—
t	Zeit	s; h
V	stündliche Luftmenge	m^3/h
W	Energieverbrauch	kJ; kWh
w	spezifischer Energieverbrauch	kWh/m^3
z	Zuschlagsfaktor nach DIN 4701	—

Symbol	Bedeutung	Einheit
α	Wärmeübergangszahl	$W/m^2 K$
δ	Sonnenhöhe	—
ϵ	relative Durchlässigkeit für Sonnenstrahlung	—
η	Wirkungsgrad	—
	Nutzungsgrad	—
ϑ	Temperatur	C; K
$1/\Lambda$	Wärmedurchlaßwiderstand	K/W
λ	Wärmeleitzahl	W/m K
ξ	Einstrahlrichtung	—
ρ	Dichte	kg/m^3

1. Energiewirtschaftliche Bedeutung der Raumkonditionierung

Die Raumheizung einschließlich der Klimatisierung ist mit rd. 40 % am gesamten Endenergieverbrauch der BRD beteiligt, wovon etwa die Hälfte auf den privaten Haushalt entfällt /1,2/. Durch diesen hohen Anteil ist der Bereich der Raumkonditionierung für die Energiewirtschaft von einschneidender Bedeutung und bestimmt weitgehend die Entwicklung des gesamten Energiebedarfs. Es erscheint daher notwendig, seine Entwicklungstendenzen abzuschätzen.

Da es weder geschlossene Statistiken über den Einsatz von Endenergie zur Raumheizung noch über deren Nutzenergiebedarf gibt, muß aus der Struktur des Wohnungsbestandes, der Beheizungsart sowie der verschiedenen Einflußfaktoren die Entwicklung prognostiziert werden (siehe **Bild 1**).

Ausgangspunkt ist naturgemäß die Anzahl der vorhandenen Wohnungen. Es wird erwartet, daß sie sich bis zum Jahre 2000 um etwa 15 % gegenüber dem heutigen Stand erhöht. Gegen Ende der achtziger Jahre wird eine gewisse Sättigung eintreten, so daß sich das Hauptgewicht im Wohnungsbau dann auf die Renovierung und Ersatzbedarfsdeckung verlagern wird.

Die heute und wohl auch in Zukunft neu gebauten Wohnungen sind im Durchschnitt größer als die mittlere Wohnungsfläche des Bestandes. Dadurch wird die durchschnittliche Wohnungsgröße im Laufe der nächsten 25 Jahre im Mittel um etwa 3 % anwachsen, was sich dementsprechend auch auf den Raumheizbedarf auswirken wird.

Der Anteil der Sammelheizungen nimmt rapide zu. Waren es 1970 noch knapp 40 %, so machen sie heute schon an die 60 % des Gesamtbestandes aus; im Jahr 2000 werden es über 80 % sein. Auch die Elektroheizung wird im Bereich ihrer Möglichkeiten entsprechend dem Zuwachs der Höchstlast im elektrischen Netz expandieren, so daß die Einzelofenheizungen im Laufe der neunziger Jahre fast völlig substituiert sein werden.

Diese Änderung der Heizsysteme erhöht den Anteil der beheizten Fläche an der gesamten Wohnfläche. Bei der Einzelofenheizung werden in der Regel nur einzelne Räume beheizt, während der Rest der Wohnung allein durch die Wärmeströme im Gebäude eine gewisse Mindesterwärmung gegenüber der Außentemperatur erhält. Dagegen ist bei der Sammelheizung und der elektrischen Raumheizung infolge des gebotenen Komforts der Anteil der beheizten Wohnflächen schon von Anfang an größer. Der Trend zur Sammelheizung wird also den Endenergiebedarf zur Raumkonditionierung weiterhin erhöhen.

Allerdings muß man berücksichtigen, daß sich z.B. bei Verdoppelung des Anteils der beheizten Flächen der Energiebedarf um weniger als das Doppelte erhöht, da ja auch durch Teilraumbeheizung die nichtbeheizten Räume temperiert werden.

Einer der wichtigsten Gesichtspunkte ist der Wandel der Heizgewohnheiten, der in engem Zusammenhang mit der Art des Heizsystems steht. So ist mit einem weiteren Anstieg der mittleren Temperatur in beheizten Räumen zu rechnen. Dabei wird sich die Ganzjahresbeheizung noch stärker durchsetzen. Durch verbesserte Regelausstattung vor allem bei Sammelheizungen kann dagegen eine Überheizung der Räume vor allem während der Übergangszeit und einer dadurch bedingten Verschwendung durch unnötiges Fensterlüften entgegengewirkt werden. Insgesamt wird sich durch die angesprochenen Faktoren die durchschnittliche Benutzungsdauer des Auslegungswärmebedarfs um etwa 10 bis 15 % erhöhen.

Neben den Faktoren, die in Richtung einer Erhöhung des Heizwärmebedarfs wirken, gibt es auch energiesparende. Ein solcher ist der zunehmende Wärmeschutz von Gebäuden. Dabei darf man jedoch erfahrungsgemäß nicht nur die jeweiligen Wirtschaftlichkeitsdaten zugrundelegen. So kann man zwar annehmen, daß z.B. alle elektrisch beheizten Wohnungen gut wärmegedämmt sind, jedoch wird bestimmt nicht das gesamte sammelbeheizte Neubauvolumen mit einem Wärmeschutz ausgerüstet sein, der gegenüber den Mindestanforderungen nach DIN 4108 /3/ we-

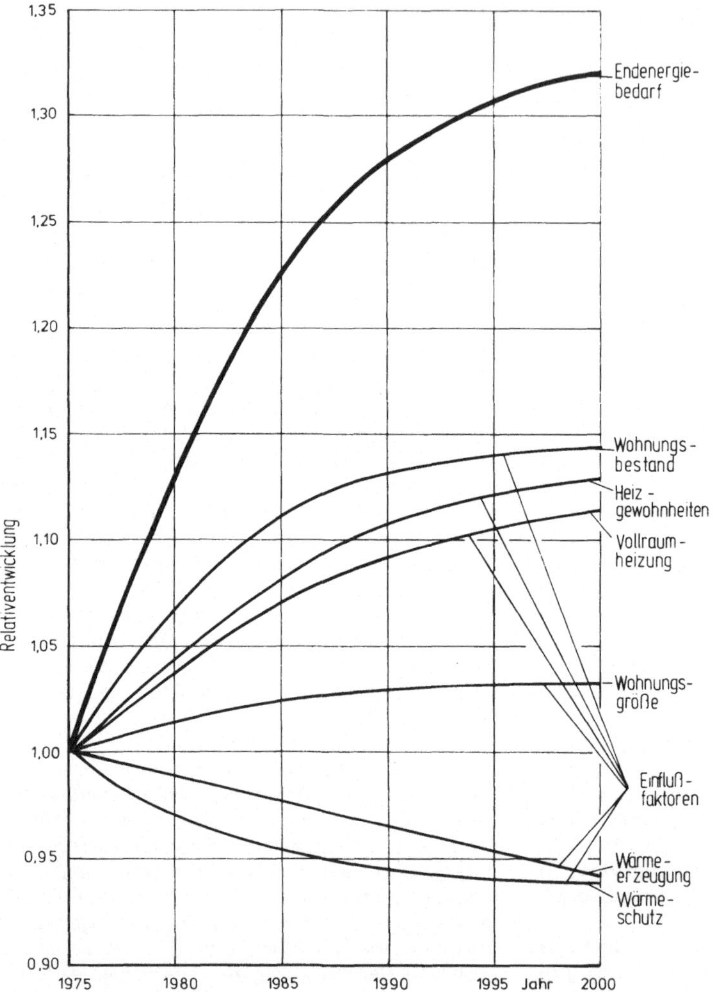

Bild 1: Entwicklung des Raumheizbedarfs für Wohnungen in der BRD

sentlich erhöht ist. Darüber hinaus ist der Nutzeffekt einer zusätzlichen Wärmedämmung, abhängig vom Gebäudetyp und von der Beheizungsart, unterschiedlich.

Schließlich ist noch zu beachten, wie sich der Jahresnutzungsgrad der Heizwärmeerzeugung als Durchschnittswert verändern wird. Eine Verbesserung ergibt sich hier vor allem durch den wachsenden Anteil der elektrischen Raumheizung und der Gasheizungen, durch die tendenzielle Erhöhung der Nutzungsgrade von Sammelheizungen sowie durch das stärkere Vordringen der Heizkraftkopplung.

Das Zusammenwirken all dieser Einflußfaktoren geht aus Bild 1 hervor. Danach wird sich der Endenergiebedarf zur Raumheizung von Wohnungen bis zum Jahr 2000 um rd. ein Drittel erhöhen, was einer mittleren jährlichen Steigerungsrate von etwas über 1 % entspricht. Innerhalb der nächsten 10 Jahre ist noch mit einem jährlichen Zuwachs von ca. 2 % zu rechnen, der danach jedoch zurückgeht.

Obwohl diese Darstellung naturgemäß nur grundsätzliche Tendenzen und Größenordnungen aufzeigen kann, läßt sich doch erkennen, welche Bedeutung energiesparenden Maßnahmen allein im Heizungsbereich zukommt, insbesondere unter Berücksichtigung der sich verändernden Beheizungsstruktur.

Die beschriebene Entwicklung wird zumindest im Bereich der Industrie und des Gewerbes durch ein stärkeres Vordringen der Klimatisierung überlagert. Dieser Tendenz läßt sich durch eine geeignete Gebäudebauweise zumindest teilweise dort entgegenwirken, wo nicht die Prozeßtechnologie eine Klimatisierung erforderlich macht.

Der hohe Anteil des Endenergiebedarfs zur Raumheizung am gesamten Endenergiebedarf von über 80 % im Sektor Haushalt, von rd. 75 % im Sektor Kleinverbrauch und von etwa 40 % im Durchschnitt aller Verbrauchssektoren läßt es sinnvoll und notwendig erscheinen, sich intensiv mit den Fragen einer rationellen Energieverwendung und -versorgung im Bereich der Raumkonditionierung auseinanderzusetzen, um so mehr als der Anteil der Importenergie Heizöl am Endenergiebedarf für Raumheizzwecke hoch ist.

2. Energiewirtschaftliche Begriffsbestimmungen für die Raumkonditionierung

Um eindeutige und allgemein anerkannte Begriffe in der Energiewirtschaft zu erhalten, wurden von der Vereinigung deutscher Elektrizitätswerke VDEW elektrizitätswirtschaftliche Begriffsbestimmungen /4/ herausgegeben. Dabei handelt es sich vor allem um Zeit-, Leistungs- und Arbeitsbegriffe sowie daraus abgeleitete Kenngrößen.

Die darin festgelegten Abgrenzungen vor allem zwischen Leistung und Arbeit (Energie) stimmen teilweise nicht mit den Begriffen überein, die in der Heizungs- und Klimatechnik verwendet werden, siehe z.B. DIN 4701 /5/, VDI 2067 /6/ und VDI 2078 /7/.

So wird z.B. in der Elektrizitätswirtschaft der Begriff „Leistung" mit dem Symbol P nicht nur für die Momentanleistung, sondern auch für die elektrische Arbeit bzw. Energiemenge pro Zeiteinheit verwendet, wobei die Zeiteinheit meist eine Viertelstunde — teilweise aber auch eine halbe oder ganze Stunde — beträgt. Die elektrische Arbeit (nach /4/ noch mit dem nicht mehr zulässigen Symbol A versehen), die Wärmemenge Q oder der Brennstoffverbrauch W bezeichnen dagegen die in einer Zeitspanne von z.B. einem Tag, einem Monat oder einem Jahr erzeugte, übertragene, gelieferte, bezogene oder verbrauchte Energie.

In der Heizungstechnik wird dagegen unter Wärmebedarf Q sowohl der stündliche als auch der tägliche, monatliche oder jährliche Bedarf verstanden.

Da es sich bei den Fragen der Optimierung des Energiebedarfes für die Raumkonditionierung zumeist um heizungs- und klimatechnische Belange handelt, wird im folgenden weitgehend auf die Begriffsbestimmungen zurückgegriffen, die in den Normen DIN 4701, VDI 2067, VDI 2078 sowie in den Handbüchern der Heizungs- und Klimatechnik /8, 9/ verwendet werden.

Da eine eindeutige Abgrenzung zwischen den Leistungs- und Energiebegriffen unumgänglich ist, werden die folgenden Festlegungen getroffen:

P: Momentanleistung in kW z.B. Wärmeleistung, Wärmestrom, Kälteleistung, el. Leistung u.ä.

$p = P/_A$: Momentanleistung pro Flächeneinheit in kW/m^2 z.B. Wärmestromdichte

Q Wärmemenge in kJ bzw. kWh innerhalb eines Zeitintervalles, wobei die Dauer des Zeitintervalles eine Stunde, ein Tag, ein Monat, ein Jahr oder ein ähnlicher Zeitabschnitt betragen kann. Q kann daher sowohl die Dimension einer Leistung (kW) wie auch einer Energie (kWh) haben.
Dem Symbol Q können folgende Begriffe zugeordnet sein: Wärmebedarf, Kältebedarf, Heizlast, Kühllast, Wärmeverbrauch, Kälteverbrauch u.ä.

$q = Q/_A$: Wärmemenge innerhalb eines Zeitintervalles pro Flächeneinheit in kJ/m^2 bzw. kWh/m^2.

Weiterhin muß unterschieden werden zwischen den zwei Begriffen:
- Bedarf
- Verbrauch

In Anlehnung an DIN 4701 und VDI 2078 wird unter „Bedarf" — z.B. Wärmebedarf oder Kältebedarf — ein rechnerischer Wert verstanden, der noch nicht die Verluste für Erzeugung, Verteilung und unzureichende Regelung beinhaltet. Dagegen sind im „Verbrauch" diese Verluste einschließlich eines möglichen unnötigen Verbrauchanteils eingeschlossen.

Eine Sonderbezeichnung für den Wärme- und Kältebedarf stellen die Begriffe der Heiz- und Kühllast von Räumen dar. Wie noch näher in **Kap. 7** beschrieben, versteht man darunter in Anlehnung an VDI 2078 den Wärme- und Kältebedarf in einem Raum, wobei jedoch der Bedarf für die zu klimatisierende Luft und der dadurch bedingte Wärme- und Kälteeintrag in den

Raum nicht eingeschlossen ist.

 Einen Überblick über den Energiefluß für die Raumkonditionierung vom Primärenergieverbrauch über den Endenergieverbrauch, den Verbrauch an Energieträgern vor und nach der Umwandlung im Gebäude bis zum Nutzenergiebedarf im Raum gibt **Bild 2.** Dabei sind im Bereich des Energiesektors die Begriffe der Energiebilanz der Bundesrepublik Deutschland /10/ übernommen.

Häufig führen auch Zeitbegriffe zu unterschiedlicher Interpretation. So wird z.B. in VDI 2067 als Raumbenutzungsdauer die „Dauer der Benutzung in Std./Tag der Räume, für die die Heizung dient", bezeichnet, während in der Elektrizitätswirtschaft unter Benutzungsdauer der Quotient aus elektrischer Arbeit in einer Zeitspanne und der Höchstleistung in derselben Zeitspanne verstanden wird. Dieser Begriff ist etwa äquivalent zu den Vollbenutzungsstunden nach VDI 2067, die sich als Quotient des Wärmebedarfs innerhalb der Heizperiode oder eines Jahres und dem stündlichen Wärmebedarf Q_h nach DIN 4701 berechnen lassen.

Die Kennzeichnung des Verhältnisses von jährlichem Wärmebedarf zu maximalem stündlichem Wärmebedarf wird aus /6/ der Begriff der „Jahresvollbenutzungsstunden" übernommen.

Dagegen werden die Zeitbereiche, in denen die Heizungs- oder Klimaanlage Wärme bzw. Kälte liefern oder liefern können, als „Betriebszeiten" bezeichnet. Dabei wird noch unterschieden zwischen:
— Hauptbetriebszeit,
 während der die Sollwertvorgabe für die Raumluft (Temperatur, Feuchte und Frischluftmenge) den Anforderungen während der Verkehrszeit (z.B. Bürozeit) entspricht.
— Nebenbetriebszeit,
 z.B. nachts und/oder am Wochenende, während der im allgemeinen geringere Anforderungen an die Luftzustände im Raum gestellt werden.

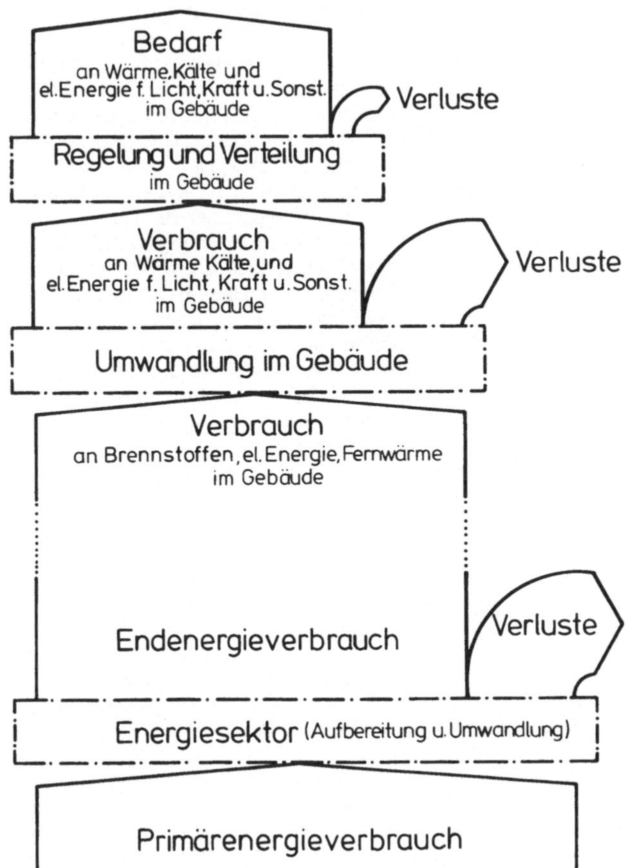

Bild 2: Schema des Energieflusses für die Raumkonditionierung

3. Anforderungen an die Behaglichkeit

Es ist Aufgabe der Raumkonditionierung, in Wohn- und Arbeitsräumen eine für den Menschen als behaglich empfundene Umwelt zu erzielen. Was als behaglich empfunden wird, ist naturgemäß stark abhängig vom subjektiven Wahrnehmungsvermögen jedes einzelnen Menschen. Dennoch lassen sich — ausgehend von der Physiologie des Menschen in Verbindung mit Erfahrungswerten — bestimmte unerläßliche Voraussetzungen für die Behaglichkeit angeben. So kann das Zustandekommen von Behaglichkeit auf vier Komponenten zurückgeführt werden:
- thermische
- lufthygienische
- optische
- akustische.

Im Sinne der Behaglichkeit kann auf keine der genannten Komponenten verzichtet werden; sie sind auch nicht gegenseitig substituierbar.

3.1 Thermische Behaglichkeit

Die thermische Behaglichkeit ist von einer Vielzahl von einzelnen Faktoren abhängig, die eng miteinander verflochten und nur in verhältnismäßig engen Grenzen variierbar sind. Die folgende Darstellung jeder dieser Faktoren für sich dient nur einer Systematisierung und gewährleistet damit eine bessere Überschaubarkeit.

3.1.1 Physikalisches Temperaturempfinden

Zwischen der thermischen Behaglichkeit und der Temperaturempfindung besteht ein enger Zusammenhang /11/. Es ist daher wichtig, für das subjektiv anzusehende menschliche Temperaturempfinden Maßstäbe zu finden, die dem Klimatechniker die notwendigen Anhaltspunkte für seine Arbeit vermitteln.

Von besonderer Bedeutung ist hier die Feststellung von Cammerer /12/, daß die menschliche Temperaturempfindung nicht von einheitlicher Art ist, sondern daß man nach einer „ursachengerichteten Temperaturempfindung" und nach einem „körpereigenen Temperaturgefühl" trennen muß.

Beim Zustandekommen von thermischer Behaglichkeit sind offenbar beide Empfindungsarten in komplexer Weise beteiligt; die primär auftretende Hauttemperaturempfindung vermittelt uns zunächst die momentanen thermischen Eigenschaften der Umgebung, z.B. Raumtemperatur, Zugerscheinungen, Berühren von warmen oder kalten Gegenständen etc. Das „körpereigene Temperaturgefühl" hingegen steht im Dienst des Wärmehaushaltes. Es tritt wegen der Wärmeträgheit des Körpers gegenüber der Oberflächenwärmeempfindung zeitlich verzögert auf. So beruht z.B. die objektive Zugempfindung auf der Zerstörung der über der Haut befindlichen laminaren Grenzschicht der Luft durch erhöhte Luftgeschwindigkeit — wobei die Stärke der Zugerscheinung von der Temperatur der bewegten Luft abhängt —, während die subjektive Zugempfindung auch durch im Vergleich zur Raumtemperatur zu kalte örtliche Raumumschließungsteile (z.B. Fenster) hervorgerufen wird. Im ersten Fall erfolgt die erhöhte Wärmeabgabe durch Konvektion, im zweiten Fall durch Strahlung. In beiden Fällen ist eine örtliche Entwärmung der Hautoberfläche (deshalb Zugempfindung) gegeben. Da die Hauttemperaturempfindung zum sensorischen Nervensystem des Menschen gehört, tritt die objektive Zugempfindung im Vergleich zur subjektiven Zugempfindung, bei der das körpereigene Temperaturgefühl betroffen ist, wesentlich schneller ein. Dagegen vermittelt die Hauttemperaturempfindung nur grobe Abweichungen von behaglichen Werten der empfundenen Temperatur, während das körpereigene Temperaturgefühl mit einiger zeitlicher Verzögerung schon geringe Abweichungen meldet /11/.

3.1.2   Einflußgrößen

Einen einheitlichen Normalzustand, bei dem für alle Personen jederzeit thermische Behaglichkeit gewährleistet ist, gibt es nicht. Thermische Behaglichkeit verlangt eine Abstimmung aller thermodynamischen Faktoren:
- Wärmeproduktion des Menschen
- Raumlufttemperatur
- Temperatur der umgebenden Flächen
- Luftfeuchtigkeit
- Raumluftbewegung und
- Kleidung.

Diese sechs Parameter beeinflussen den Behaglichkeitszustand gemeinsam. Der kombinierte quantitative Einfluß wird von Fanger /13, 14/ in der sog. „Behaglichkeitsgleichung" zusammengefaßt. Sie ist sehr komplex und daher für die Praxis nur schwierig zu handhaben /14, 15/.

3.1.2.1 Wärmeproduktion des Menschen

Die Wärmeabgabe des Menschen setzt sich aus den Anteilen der Verdunstung, Strahlung und der Konvektion zusammen. Der Umfang der Aufteilung auf die drei verschiedenen Komponenten wird sehr stark von der Umgebungstemperatur beeinflußt; ihre Summe ist aber im klimatechnisch wichtigen Bereich zwischen 20 und 26 °C annähernd konstant. **Bild 3** zeigt die Verhältnisse bei einem normal bekleideten Menschen mit sitzender leichter Beschäftigung /16, 17/. Bei niedrigen Lufttemperaturen überwiegt die Wärmeabgabe durch fühlbare Wärme, bei höheren Lufttemperaturen die latente Wärme. Oberhalb von 34 °C erfolgt die Wärmeabgabe nur noch durch Verdunstung.

Die Höhe der Wärmeproduktion ist im wesentlichen abhängig von der körperlichen Be-

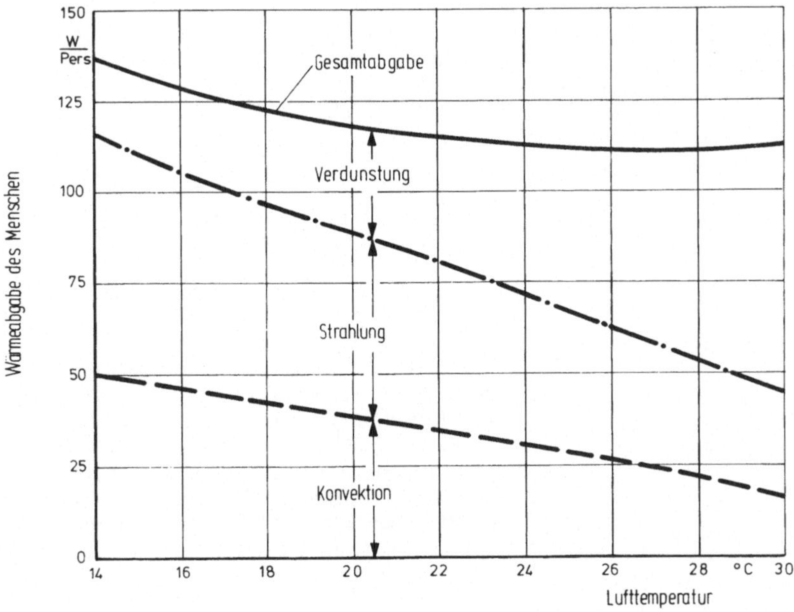

Bild 3: Wärmeabgabe eines normalbekleideten Menschen ohne körperliche Tätigkeit bei ruhender Luft

schäftigung, Gesundheitszustand, Geschlecht und Alter. Klimatische Gewöhnung, psychisch-emotionale, hormonelle und psycho-vegetative Faktoren spielen dagegen eine untergeordnete Rolle. Die Wärmeproduktion variiert je nach Tätigkeit zwischen 80 und 700 Watt. Einen Überblick über die Gesamtwärmeabgabe und die Wärmeabgabe je m^2 der Hautoberfläche gibt **Tafel 1** /16/.

Tätigkeit	Wärmeabgabe	
	W	W/m^2
liegend	80	45
sitzend, normale Büroarbeit	90	50
stehend, normale Büroarbeit	115	65
sitzend, leichte Arbeit	175	100
langsam gehend (3 km/h)	230	130
schnell gehend (6 km/h)	400	220
schnell laufend	550	300
schwerste Arbeit	700	400

Tafel 1   Wärmeabgabe des Menschen

3.1.2.2 Raumlufttemperatur und mittlere Temperatur der umgebenden Flächen

Für unser mitteleuropäisches Klima nehmen die Hygieniker bei normal bekleideten, sitzenden Menschen ohne körperliche Arbeit im Winter allgemein eine Lufttemperatur von 20 bis 21 °C, im Sommer bei mittleren Lufttemperaturen eine solche von 21 bis 22 °C als am günstigsten an /16/.

Bedingt durch unterschiedliche Wärmeproduktion, unterschiedliche Bekleidungsgewohnheiten, Luftbewegung etc. genügt es nun nicht, eine einheitliche Raumtemperatur einzustellen, um allen Menschen thermische Behaglichkeit zu bieten.

Das Temperaturempfinden des Menschen entspricht in erster Annäherung dem Durchschnittswert aus Temperatur der Raumluft und der mittleren Temperatur der Raumumschließungsflächen:

$$\vartheta_E = \frac{\vartheta_R + \vartheta_U}{2} \qquad (1)$$

mit

ϑ_E empfundene Raumtemperatur in °C

ϑ_R Temperatur der Raumluft in °C

ϑ_U mittlere Temperatur der Raumumschließungsflächen in °C

Grandjean /18/ macht aber für die Behaglichkeit die wichtige Einschränkung: Eine empfundene Temperatur kann nur behaglich sein, wenn die Differenz zwischen Luft- und mittlerer Umschließungsflächentemperatur gering ist. Als allgemeine Faustregel hierfür gibt er an, daß die durchschnittliche Temperatur der Raumum-

schließungsflächen nicht mehr als 2 K (höchstens 3 K) und für einzelne Flächen nicht mehr als 3 bis 4 K von der Lufttemperatur des Raumes abweichen soll.

Während die Raumlufttemperatur entscheidend für die durch Konvektion bedingte Entwärmung des Körpers ist, hat die mittlere Temperatur der umgebenden Flächen einschließlich der Heizfläche im Raum, die sog. mittlere Strahlungstemperatur ϑ_U, Einfluß auf die durch Strahlung bedingte Entwärmung.

Der Wert von ϑ_U errechnet sich aus

$$\vartheta_U = \frac{\sum\limits_{\nu=1}^{n} A_\nu \cdot \vartheta_{U,\nu}}{\sum\limits_{\nu=1}^{n} A_\nu} \qquad (2)$$

mit

A_ν ν-te Fläche (Wand, Fenster, Heizkörper usw.)

$\vartheta_{U,\nu}$ Oberflächentemperatur der Fläche A_ν

Die durch Wärmestrahlung ausgetauschte Energiemenge ist abhängig von der Temperatur, Lage und Entfernung der im Strahlungsaustausch befindlichen Flächen und von deren Oberflächenbeschaffenheit. Sind einzelne Flächen wesentlich kälter, z.B. Einfachfenster, wird von den dorthin gerichteten Körperoberflächen mehr Wärme abgestrahlt, wodurch deren Hauttemperatur sinkt. Diese örtlich stärkere Abkühlung wird, wie in Kapt. 3.1.1 beschrieben, subjektiv als Zug empfunden.

Der Bereich der empfundenen Temperatur ϑ_E, der in Abhängigkeit von der Raumlufttemperatur ϑ_R und der mittleren Temperatur der Raumumschließungsflächen ϑ_u als behaglich empfunden wird, ist in **Bild 4** als Behaglichkeitsfeld angegeben. Dabei wird nach den Angaben verschiedener Autoren unterschieden.

Der Zusammenhang zwischen der Oberflächentemperatur ϑ_u auf der Raumseite einer Außenwand oder Fensters in Abhängigkeit von deren Wärmedurchgangszahl und der Außenlufttemperatur ist aus **Bild 5** zu entnehmen, wobei folgende Funktion zugrundeliegt:

$$\vartheta_u = \vartheta_R - \frac{k \cdot (\vartheta_R - \vartheta_a)}{\alpha_i} \qquad (3)$$

mit

ϑ_R Raumlufttemperatur in °C

ϑ_a Außenlufttemperatur in °C

k Wärmedurchgangszahl des Bauteils in W/m^{2}K

α_i Wärmeübergangszahl zwischen Raumluft und Oberfläche des Bauteils in W/m^{2}K

Um die Forderungen nach Grandjean /18/ einzuhalten, sollte die Wärmedurchgangszahl eines Außenbauteils auf jeden Fall kleiner als 1,0 W/m^{2}K sein.

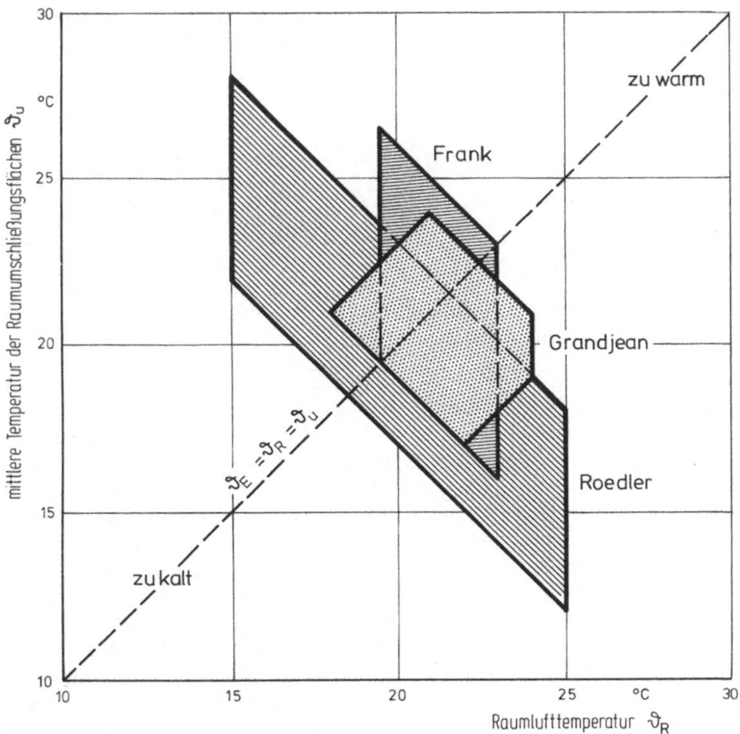

Bild 4: Behaglichkeitsfeld für Raumlufttemperatur und Temperatur der Raumumschließungsflächen

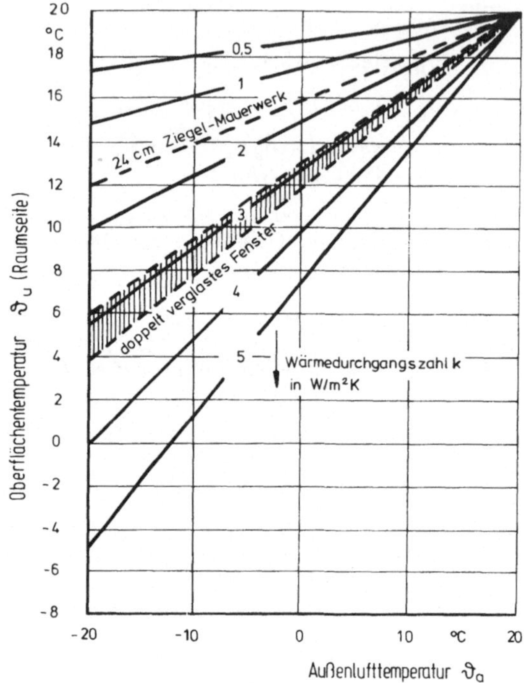

Bild 5: Innere Oberflächentemperaturen von Fenstern und Außenwänden bei einer Raumlufttemperatur von 20 °C

Für Fenster sind die für ein behagliches Raumklima erforderlichen Wärmedurchgangszahlen nicht erreichbar. Bei Doppelfenstern erreicht man günstigstenfalls einen Wert von 2,9 W/m² K. Selbst die durch Sonnenschutzgläser mit Selektivfilter ermöglichten Wärmedurchgangszahlen liegen bisher nicht unter ca. 1,75 W/m² K.

Durch Heizkörper unter Fenstern kann jedoch zumindest teilweise ein Ausgleich zu den kalten Fensteroberflächen erreicht werden, weil dadurch eine gewisse Kompensation im Strahlungswärmeanteil erfolgt.

Die erforderliche Mindestgröße von Heizkörpern ist nach Gleichung (2) bestimmbar, um bei vorgegebener mittlerer Temperatur des Heizkörpers und der Raumumschließungsflächen eine geforderte mittlere Oberflächentemperatur zu erreichen.

Als Heizkörpergröße ist in diesem Zusammenhang die Heizkörpernormalfläche einzusetzen, d.h. die für die Strahlung in den Raum wirksame Fläche. Sie errechnet sich meist näherungsweise aus Höhe mal Breite des Heizkörpers.

In der Regel wird eine in diesem Sinne wirksame Heizkörperfläche von 20 bis 40 % der Fensterfläche notwendig sein.

3.1.2.3 Luftfeuchtigkeit

Die Wärmeabgabe des menschlichen Körpers erfolgt zum Teil durch Verdunstung über die Hautoberfläche. Daher hat auch die Luftfeuchte Einfluß auf die Behaglichkeit. Bei Bürotätigkeit beeinflußt die Raumluftfeuchtigkeit die Wärmeabgabe des Körpers kaum.

Die Luftfeuchtigkeit hat jedoch größeren Einfluß auf die Selbstreinigung der Atemwege und auf die Lebensfähigkeit von Keimen und Bakterien.

Grandjean /18/ gibt als behaglich empfundene Luftfeuchte während der Heizperiode 40 bis 45 % und während des Sommers 40 bis 60 % an.

Bei hoher Luftfeuchtigkeit ist die Verdunstung der Hautoberfläche erschwert. Deshalb wird ein Wassergehalt der Luft über 12 g/kg trockene Luft i.a. als schwül empfunden.

Bei Feuchtigkeitswerten unter etwa 35 % wird Staubbildung im Raum durch Austrocknen der Kleidung, Teppiche, Möbel u.ä. erleichtert und Staubverschwelung auf den Heizkörpern ermöglicht, was die Atmungsorgane reizt. Außerdem werden Kunststoffe bei trockener Luft elektrisch aufgeladen und sammeln zusätzlich Staubteile /16/.

3.1.2.4 Raumluftbewegung

Luftbewegung begünstigt die Wärmeabgabe des menschlichen Körpers durch Konvektion und Verdunstung und beeinflußt damit ebenfalls die Behaglichkeit. Während im Freien eine mäßige Luftbewegung durchaus nicht als unangenehm empfunden wird, ist in geschlossenen Räumen das Gegenteil der Fall. Am meisten wird das Wohlbefinden gestört, wenn die bewegte Luft eine geringere Temperatur als die Raumluft hat und vorwiegend aus einer Richtung auf einen Körperteil trifft. Man spricht in diesem Fall von Zugluft.

Ab welcher Geschwindigkeit bewegte Luft als störend empfunden wird, ist stark abhängig von der Tätigkeit. So kann bei körperlich anstrengender Arbeit eine Luftgeschwindigkeit bis etwa 0,5 m/s ohne Belästigung ertragen werden. Grandjean /18/ gibt als Grenzwert bei normaler Tätigkeit 0,2 m/s an.

DIN 1946, Blatt 2 /19/ enthält Angaben über den Zulässigkeitsbereich der Luftgeschwindigkeit in Abhängigkeit von der Raumlufttemperatur **(Bild 6)**. Dabei sollen die Werte der mittleren Grenzkurve in der Aufenthaltszone nicht überschritten werden. Ausgenommen sind jedoch kurzzeitige Schwankungen (unter 10 % der Zeit) bis zur oberen Grenzkurve an höchstens 10 % der Aufenthaltsplätze.

Ein weiterer Faktor in diesem Zusammenhang ist die Anströmrichtung der Luft. Bei niederen Temperaturen wird eine Anströmrichtung von vorne eher toleriert als von hinten, während bei hohen Temperaturen die Strömrichtung für die Empfindung gleichgültig ist. In **Bild 7** ist das Behaglichkeitsfeld für die Wertepaare Lufttemperatur und Luftgeschwindigkeit dargestellt /17/. Dieses Feld gilt unter den folgenden Voraussetzungen:

1. sitzende Beschäftigung in normaler Bekleidung
2. Anströmrichtung von vorne
3. Lufttemperatur und Temperatur der Raumumschließungsflächen liegen innerhalb der Behaglichkeitsgrenze.

Luftturbulenzen führen ebenso wie zu hohe mittlere Luftgeschwindigkeiten zu Ablösung der die Haut umgebenden laminaren Luftschicht, wodurch die Isolierwirkung dieser dünnen Grenzschicht zerstört wird. Gewollte hohe Luftbewegung schränkt jedoch die Behaglichkeit nicht ein, sondern belebt und erfrischt durch die damit verbundene Anregung der physiologischen Blutzirkulation.

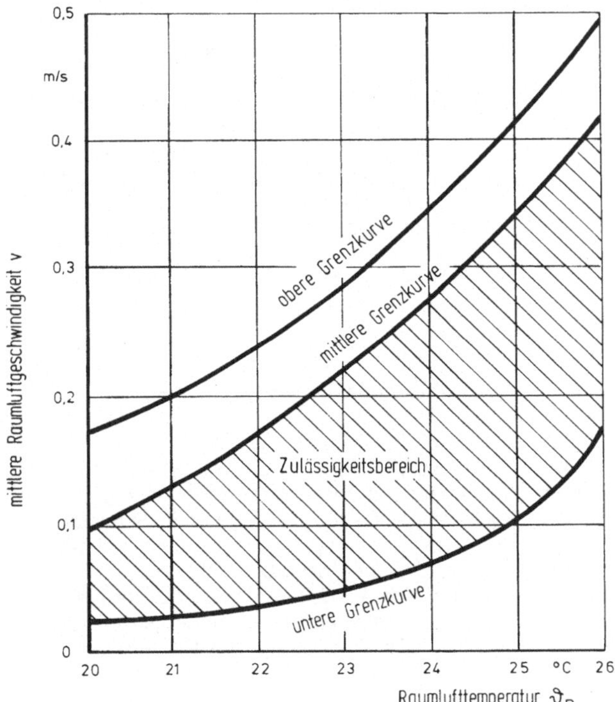

Bild 6: Zulässige Luftgeschwindigkeit in Abhängigkeit von der Raumlufttemperatur

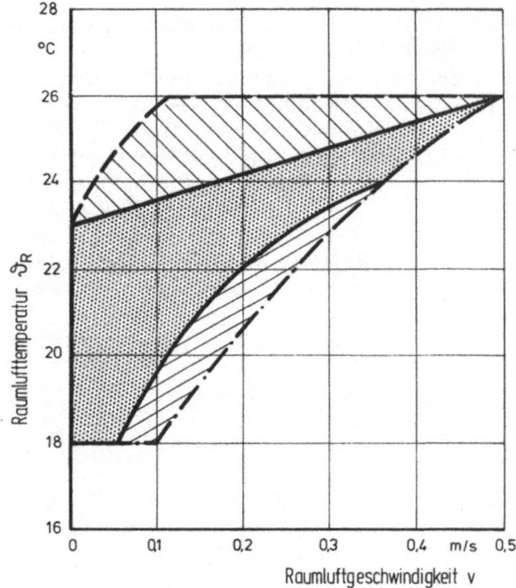

Bild 7: Behaglichkeitsfeld für Raumlufttemperatur und -geschwindigkeit

Behaglichkeit, daß die mittlere Hauttemperatur einer ruhenden oder leicht tätigen Person annähernd gleich bleiben soll /14, 17/. Man kann daher die Behaglichkeitstemperatur ϑ_B durch folgende Gleichung beschreiben:

$$\vartheta_B = \vartheta_K - q \left(\frac{1}{k_i} + \frac{1}{\Lambda} + \frac{1}{\alpha_a} \right) \qquad (4)$$

mit

ϑ_K Körpertemperatur = 37 °C

q Wärmeverlust des Körpers in W/m² (siehe Tafel 1)

k_i Wärmedurchgangszahl der Haut, im Mittel k_i = 15 W/m² K

$\frac{1}{\Lambda}$ Wärmedurchlaßwiderstand der Kleidung in m² K/W (Wert der clo-Einheit x 0,155 m² K/W)

α_a äußere Wärmeübergangszahl einschl. Strahlung, ca. 8 W/m² K in ruhiger Luft.

Für normale Büroarbeit und übliche Bürobekleidung (0,5 bis 1,0 clo) errechnet sich daraus eine Empfindungstemperatur zwischen etwa 18 bis 24 °C. Daraus läßt sich mit Gleichung (1) die erforderliche Raumlufttemperatur bei vorgegebener Temperatur der Umgebungsflächen bzw. umgekehrt bestimmen.

Daß die Behaglichkeitstemperaturen in den letzten Jahrzehnten eine deutlich steigende Tendenz aufweisen, führt Grandjean /18/ in erster Linie auf veränderte Bekleidungssitten zurück.

Einen Überblick über übliche Werte für die Bekleidungswerte gibt **Tafel 2** /16/.

3.1.2.5 Kleidung

Von großem Einfluß auf die Behaglichkeit ist die Kleidung. Sie bietet die Möglichkeit, innerhalb eines allgemein als angenehm empfundenen Temperaturbereichs individuelle Behaglichkeit zu schaffen.

Als Maßeinheit für den Wärmedurchlaßwiderstand der Kleidung dient:

1 clo (von clothing) = 0,155 m² K/W.

Nach Fanger ist es eine Grundvoraussetzung der

3.2 Lufthygienische Behaglichkeit

Die uns umgebende Luft ist unser wichtigstes Lebensmittel, dessen Qualität ständig erhalten werden muß. Eine weitgehende Schadstofffreiheit der uns umgebenden Luft ist deshalb über das Maß einer offensichtlich erkennbaren Gesundheitsschädlichkeit hinaus erforderlich.

Es gibt bisher noch keine genormte Luftgüte, die eine bestmögliche Erhaltung der Leistungsfähigkeit und der Lebensfreude gewährleistet.

Art der Bekleidung	clo-Einheiten	Wärmedurchlaß-widerstand in $m^2 K/W$
nackt	0	0
leichte Sommerkleidung	0,5	0,08
normale Arbeitskleidung	0,8 . . . 1,0	0,12 . . . 0,16
schwere Arbeitskleidung	1,25	0,19
Kleidung für kaltes Wetter mit Mantel	1,5 . . . 2,0	0,23 . . . 0,31
Kleidung für kältestes Wetter	3,0 . . . 4,0	0,46 . . . 0,62

Tafel 2:   Wärmedurchlaßwiderstand von Kleidung

3.2.1   Luftverunreinigung

In Aufenthaltsräumen von Menschen entstehen Verunreinigungen durch Gase, Dämpfe und Stäube, die durch Luftzuführung auf ein hygienisch unbedenkliches Maß verdünnt werden müssen. Die Luftverunreinigung richtet sich im wesentlichen nach der Anzahl der anwesenden Personen, aber auch nach Staubanfall, Freiwerden von Schad- und Geruchsstoffen aus Möbeln, Fußbodenbelägen und allen uns umgebenden Stoffen.

Staub setzt sich aus Mineralstoffen, organischem Material und Rußpartikeln zusammen. Letztere stammen von der Verbrennung von Kohle und Heizöl. Die „reine" Landluft enthält rd. 10^8 Partikel pro m^3 oder 0,5 mg/m³, während in städtischen Siedlungen die Staubbelastung zwischen 10^{10} und 10^{12} Partikeln pro m^3 oder 1 bis 5 mg/m³ schwankt. Die moderne Hygiene betrachtet einen Wert von 10 mg/m³ als oberste Toleranzgrenze der Staubbelastung.

Von entscheidender Bedeutung bei den von Menschen selbst verursachten Luftverunreinigungen sind die durch die Haut abgegebenen Geruchsstoffe, da sie bereits in kleinster Konzentration Empfindungen von Unlust, Unbehagen, Abneigung und Ekel auslösen.

In dicht geschlossenen Räumen ist eine Erhöhung des Kohlensäuregehaltes bzw. eine Gefährdung durch Sauerstoffmangel zu beachten, wobei davon auszugehen ist, daß der Mensch bei sitzender Tätigkeit etwa 250 ml Sauerstoff pro Minute verbraucht und gleichzeitig ca. 300 ml Kohlensäure abgibt /20/.

Ein weiterer Faktor ist die Wasserdampfabgabe des Menschen durch Verdunstung und Atmung, siehe Bild 3. Die stündliche Wasserdampfabgabe des Menschen ohne körperliche Tätigkeit kann dabei in Abhängigkeit von der Lufttemperatur wie folgt eingeschätzt werden:

bei 22 °C	ca. 50 g/h
bei 26 °C	ca. 70 g/h

3.2.2   Lüftung

Im Wohn- als auch im Arbeitsbereich sucht man befriedigende Luftqualität durch Lüftungseinrichtungen zu erreichen. Dabei muß man sich an die etwas ungenaue Empfehlung halten, wonach die Luft frei sein soll von wahrnehmbaren Gerüchen, zu hoher Anzahl von Keimen und übermäßigen Imissionen staub- und gasförmiger Luftverunreinigungen. Als Maßstab für lüftungstechnische Maßnahmen wird die CO_2-Konzentration der Luft verwendet /21/, wobei davon ausgegangen wird, daß bei einem hygienisch vertretbaren Richtwert der CO_2-Konzentration von 0,07 Vol.-% bis max. 0,1 Vol.-% alle anderen enthaltenen Schadstoffe sowie Riech- und Ekelstoffe auf einen hygienisch einwandfreien Umfang reduziert sind.

Als Maßzahl für die zur Verdünnung der verunreinigten Luft benötigten Luftmenge je Person und Stunde nimmt man die Außenluftrate. Diese Rate ist stark abhängig von der Vorbelastung der Außenluft durch CO_2. In Abhängigkeit vom ausgeatmeten CO_2-Volumen einer Person läßt sich die Außenluftrate V_{AL} wie folgt berechnen:

$$V_{AL} = \frac{K}{k_{zul} - k_{AL}} \qquad (5)$$

mit:

K — ausgeatmetes CO_2-Volumen in m³/h; bei Bürotätigkeit ca. 0,02 — 0,04 m³h

k_{zul} — Richtwert für die zulässige CO_2-Konzentration (nach /22/ 0,07 bis max. 0,1 Vol.-%)

k_{AL} — CO_2-Gehalt der Außenluft

mittel:	0,035 Vol.-%
Großstadt:	0,05 Vol.-%

Unter Berücksichtigung des ausgeatmeten CO_2-Volumens in Abhängigkeit von der Tätigkeit des Menschen — ausgedrückt als Wärmeproduktion — ist in **Bild 8** die erforderliche Außenluftrate angegeben. Danach sind bei einem CO_2-Gehalt der Außenluft von 0,035 Vol.-% für sitzende Bürotätigkeit ca. 60 m^3/h Außenluft je Person erforderlich, um die anzustrebende CO_2-Konzentration von 0,07 Vol.-% nicht zu überschreiten. Bild 8 gilt unter der Voraussetzung eines ständig belegten Raumes ohne Berücksichtigung des Luftvolumens im Raum.

Nach DIN 1946, Blatt 1 /19/, liegen die Mindestwerte der Außenluftrate bei

20 m^3/h je Person bei Räumen mit Rauchverbot und

30 m^3/h je Person bei Räumen mit Raucherlaubnis,

wobei eine jeweilige Erhöhung um 10 m^3/h je Person aus hygienischen Gründen anzustreben ist.

Für einen Aufenthaltsraum, der einer gleichbleibenden Personenzahl als ganztägiger Arbeitsraum dient, ist nach DIN 1946, Blatt 2, 30 bis 50 m^3 Außenluft pro Stunde und Person erforderlich. Dabei können aus wirtschaftlichen Gründen die Außenluftraten bei Außentemperaturen unter 0 °C bis zur tiefsten Außentemperatur auf 50 % abgesenkt werden. Bei Außentemperaturen über 26 °C kann die Außenluftrate auf 75 % reduziert werden.

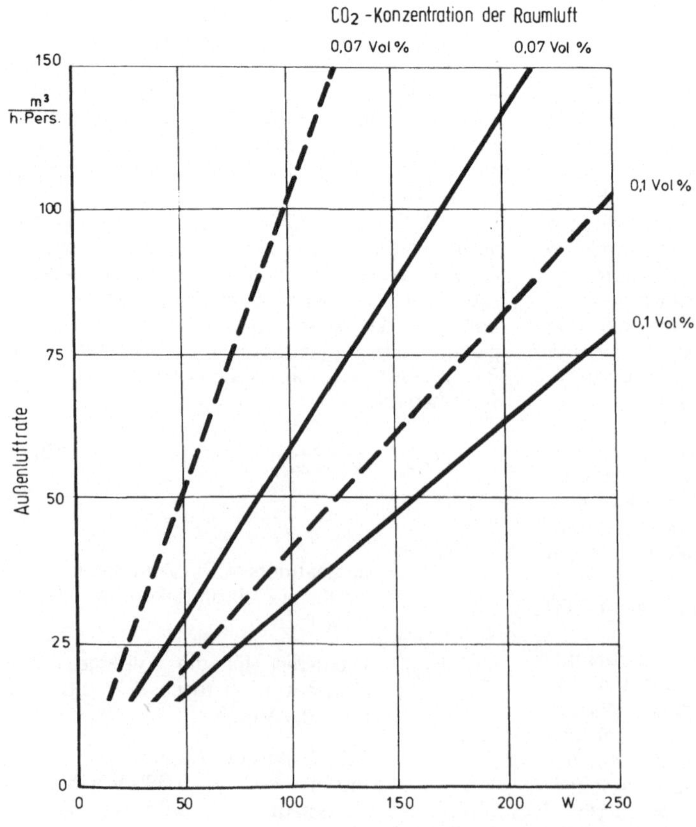

Bild 8: Außenluftrate in Abhängigkeit von der Wärmeproduktion des Menschen

3.3 Optische Behaglichkeit

Die Lichtverhältnisse sind mitbestimmend für das Wohlbefinden des Menschen in einem Raum.

3.3.1 Physiologische Forderungen

Für Sehleistung und Sehkomfort sind folgende Einflußgrößen von entscheidender Bedeutung:
— Beleuchtungsstärke
— Blendfreiheit
— örtliche Gleichmäßigkeit der Lichtverteilung
— zeitliche Gleichmäßigkeit des Lichtes.

Die Beleuchtungsstärke muß in erster Linie der Tätigkeit des Menschen angemessen sein. Dabei sind die Dimensionen der zu erkennenden Objekte und die Kontraste zwischen Sehobjekt und Umgebung entscheidend.

Für das Wohlbefinden und für das unbeeinträchtigte Sehen ist die Vermeidung jeder Art von Blendung wichtig, d.h. vor allem keine zu hellen Leuchten im Blickfeld und keine zu großen Kontraste der Flächenhelligkeiten. Für die Praxis bedeutet dies: in den häufigsten Blickfeldern einer arbeitenden Person sollen
— kein helles Fenster,
— keine blendend weiße Wand neben dunklem Boden,
— keine schwarze Tafel an einer weißen Wand,
— keine reflektierende Tischfläche,
— keine schwarze Schreibmaschine auf heller Unterlage und
— kein blankes Maschinenteil
vorhanden sein.

Da für die Helligkeit von Flächen deren Reflexionsgrad entscheidend ist, kommt der Wahl der Farbe und des Materials bei der Gestaltung von Wänden, Möbeln und größeren Einrichtungsgegenständen ebenfalls eine ausschlaggebende Rolle zu.

Noch ungünstiger als ständige Flächenkontraste sind rhythmisch alternierende Flächenhelligkeiten im Gesichtsfeld. Dies ist der Fall, wenn bei einer Arbeit der Blick rhythmisch von hellen auf dunkle Flächen hin- und herwandern muß.

3.3.2 Tageslicht

Das natürliche Tageslicht in einem Raum gewährleistet neben der Lichtgebung die Verbindung zur Außenwelt durch freie Sicht in die Umgebung und damit des Erlebens des Tagesablaufes und der Witterung. Ein Verzicht auf ausreichende Tageslichtbeleuchtung wird daher nach den Bauvorschriften nur bei gewerblichen Räumen zugelassen, wenn die Art des Betriebes dies erfordert /22, 23/.

Als Maß für die Beleuchtungsstärke an einem Punkt im Innern des Raumes wird der Tageslichtquotient T benutzt /24/, wobei gilt:

$$T = \frac{E_i}{E_a} \cdot 100 \qquad (6)$$

mit:

T Tageslichtquotient in %

E_i Innenbeleuchtungsstärke in einem Punkt der horizontalen Meßebene in lx, z.B. 0,8 oder 1,0 m über dem Boden

E_a Außenbeleuchtungsstärke in lx zur gleichen Zeit wie E_i gemessen, auf horizontaler Ebene im Freien, bei gleichmäßig bedecktem Himmel und bei freiem Horizont.

Nach DIN 5034 /25/ soll in Arbeitsräumen mit einseitiger Fensteranordnung der Tageslichtquotient an keiner Stelle der Nutzfläche kleiner als 1 % sein, um eine befriedigende Versorgung mit Tageslicht zu gewährleisten. Bei dieser Forderung wird davon ausgegangen, daß das Gesamtempfinden des Menschen darauf gerichtet ist, vornehmlich bei Tageslicht tätig zu sein.

Als Bezugspunkt im Raum ist dabei nach /25/ bei Wohnräumen ein Punkt in halber Raumtiefe 1 m von der Seitenwand entfernt, bei Arbeitsräumen 1 m von den Seiten und der Rückwand entfernt zu wählen.

Der Einfluß der Wahl des Bezugspunktes auf die erforderliche Fenstergröße wird in Kap. 6.2.2 diskutiert.

Welche natürliche Beleuchtungsstärke bei gegebenem Tageslichtquotient T im Raum zu erwarten ist, kann aus **Bild 9** abgeleitet werden, in dem die Horizontalbeleuchtungsstärke im Freien für gleichmäßig bedeckten Himmel (Meßort München) in Abhängigkeit von der Jahres- und Tageszeit angegeben ist /24/.

3.3.3 Kunstlicht

Leitsätze und Empfehlungen für die Innenraumbeleuchtung mit künstlichem Licht sind in der DIN 5035 /26/ angegeben. Für die verschiedenen Sehaufgaben können nach /24, 27, 28/ die in der **Tafel 3** aufgeführten Beleuchtungsstärken empfohlen werden. Für die Planung sollen die

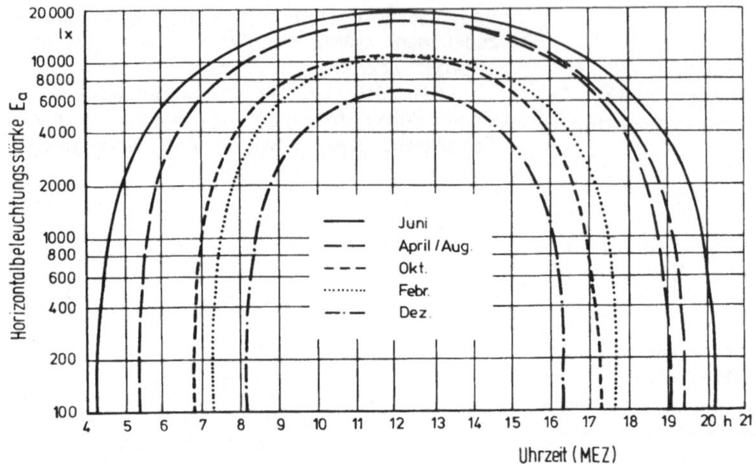

Bild 9: Horizontalbeleuchtungsstärke im Freien, gleichmäßig bedeckter Himmel, Meßort München

empfohlenen Werte bei normalen Alterungsbedingungen der Leuchten mit dem Faktor 1,25 multipliziert werden.
Als Lichtquellen werden heute Glühlampen (Temperaturstrahler) und Leuchtstofflampen (Entladungslampen) am häufigsten verwendet. Die Lichtausbeute von Leuchtstofflampen ist mit ca. 60 lm/W rd. viermal so groß wie von Glühlampen, erreicht aber nur knapp 60 % der Lichtausbeute der Sonnenstrahlung.

Stufe	Nennbeleuchtungsstärke E (lx)	Zuordnung von Sehaufgaben
1	15	— — —
2	30	Orientierung; nur vorübergehender Aufenthalt
3	60	— — —
4	120	Leichte Sehaufgaben; große Details mit hohen Kontrasten
5	250	— — —
6	500	Normale Sehaufgaben; mittelgroße Details mit mittleren Kontrasten
7	750	— — —
8	1000	Schwierige Sehaufgaben; kleine Details mit geringen Kontrasten
9	1500	— — —
10	2000	Sehr schwierige Sehaufgaben; sehr kleine Details mit sehr geringen Kontrasten
11	3000	— — —
12	5000 und mehr	Sonderfälle; z.B. Operationsfeldbeleuchtung

Tafel 3:   Stufen der Nennbeleuchtungsstärken

3.4   Akustische Behaglichkeit

Die fortschreitende medizinische Analyse der Belastungskriterien des Menschen mißt dem Lärm immer größere Bedeutung bei.

Nach den vorliegenden Erkenntnissen läßt sich der Lärmeinfluß in vier Bereiche einteilen:
— Schalldruckpegel unter 35 dB(A).
  Es finden keine negativen Beeinflussungen des Menschen durch den Lärm statt.
— Schalldruckpegel zwischen 35 und 85 dB(A).
  Es können physische Reaktionen wie Ärger und Gereiztheit, im oberen Lautstärkebereich auch vegetative Reaktionen wie z.B. Belastung des Kreislaufes auftreten. Bei kranken und empfindlichen Personen können diese Reaktionen bereits im unteren Lautstärkenbereich stattfinden.
— Schalldruckpegel 85 bis 115 dB(A).
  Pathologische Schallreaktionen und Schäden am Gehörausgang selbst, wie z.B. Lärmschwerhörigkeit, können auftreten.
— Schalldruckpegel über 115 dB(A).
  Es treten bleibende Schäden beim Menschen auf.
Nach VDI 2719 /29/ unterscheidet man folgende Schallpegel:
— Mittelungspegel L_m :
  Er ist der über die Zeit gemittelte Schallpegel in dB(A) und dient zur Kennzeichnung von Geräuschen mit schwankendem Schallpegel. Der Mittelungswert ist daher ein Maß für die Stärke eines Geräusches und entspricht dem Pegel eines gleichbleibenden Dauergeräusches, das etwa die gleiche Störwirkung hat wie das zu kennzeichnende, sich verändernde Geräusch.

Der Mittelungspegel ist somit ein Maß für das in dem Arbeitsraum anzustrebende Geräuschniveau, unter Berücksichtigung der äußeren Schallquellen und der inneren Schalldämmung.
— Mittlerer Maximalpegel L_1 :
  Er stellt den Pegel in dB(A) dar, der während 1 % der Zeit erreicht oder überschritten wird.
Als Richtwert für den zulässigen Innenraumpegel gilt bei Büroräumen ein Mittelungspegel (Dauerschallpegel) von 30 bis 40 dB(A). Der Maximalpegel sollte 40 bis 50 dB(A) nicht überschreiten.

Bei geöffnetem Fenster sollte der Unterschied zwischen dem empfohlenen Innengeräuschpegel und dem Außenpegel nicht größer als 10 dB(A) sein. Deshalb sollte bei Büroräumen mit öffenbaren Fenstern der äußere Dauerschallpegel 50 dB(A) nicht überschreiten.

In **Tafel 4** sind die Richtwerte für den zulässigen Lärmpegel nach VDI 2719 angegeben.

Raumart	Mittelungspegel L_m (Dauerschallpegel) in dB(A)		mittlerer Maximalpegel L_1 in dB(A)	
Wohnräume Übernachtungsräume	tags:	30—40	tags:	40—50
in Hotels Bettenräume	nachts:	20—30	nachts:	30—40
Unterrichtsräume Einzelbüros Bibliotheken Konferenzräume Vortragsräume		30—40		40—50
Büros für mehrere Personen		35—45		45—55
Großraumbüros Gaststätten		40—50		50—60
Eingangs-, Warte- und Abfertigungshallen		45—55		55—65

Tafel 4:   Richtwerte für den in Räumen zulässigen Schallpegel /29/

4. Energiehaushalt eines Gebäudes

Der Energiehaushalt eines Gebäudes wird von einer Reihe von Größen beeinflußt, die sich in Anlehnung an die Gliederung von Witta und Snozzi /30/ in vier Gruppen zusammenfassen lassen:

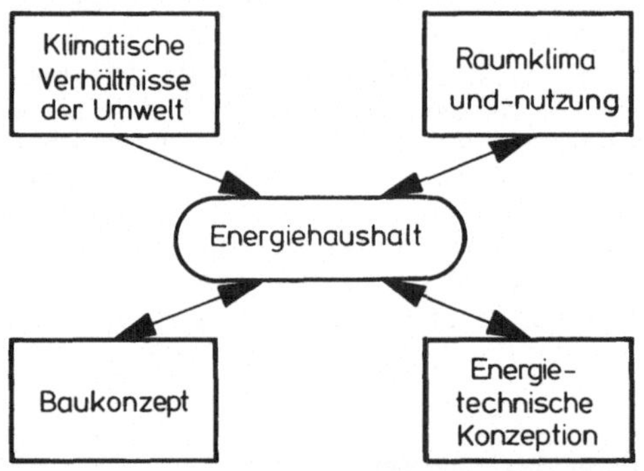

Alle vier Gruppen wirken gemeinsam auf den Energiehaushalt ein. Andererseits sind auch Rückwirkungen vorhanden. So kann in einem Gebäude mit einer Heizungsanlage jedoch ohne Raumkühlungseinrichtung das Raumklima im Sommer nicht beeinflußt und die Raumnutzung dadurch u.U. eingeschränkt werden. Die Bauweise hat durch die Art der Gebäudegestaltung, die Wahl der Materialien und vor allem durch die Art und Größe der Fenster einschließlich der Sonnenschutzmaßnahmen ebenfalls Auswirkungen auf das Raumklima. Sind andererseits Raumklima, Raumnutzung und Baukonzept vorgegeben, ist die Auswahl zwischen unterschiedlichen energietechnischen Konzeptionen stark eingegrenzt.

Der Einfluß des Energiehaushaltes eines Gebäudes auf das Außenklima soll im Rahmen dieser Arbeit nicht betrachtet werden, da er zumindest für ein einzelnes Gebäude im Hinblick auf die Optimierung des Energiebedarfs i.a. vernachlässigt werden kann und er zudem bereits in der anzusetzenden Außentemperatur enthalten ist.

Die klimatischen Verhältnisse der Umwelt werden für die Raumkonditionierung durch folgende einzelne Einflußgrößen beschrieben:
- Temperatur, Feuchte, Geschwindigkeit, Druck und Reinheit der Außenluft,
- Sonneneinstrahlung und
- Niederschlag.

Nicht alle diese Parameter werden üblicherweise gesondert für die Berechnung des Energiebedarfs herangezogen. So wird z.B. der Niederschlag vernachlässigt, da er keinen direkten Einfluß hat, sondern nur indirekt, z.B. bei Durchfeuchtung des Mauerwerks, wirksam wird. Die Luftgeschwindigkeit wird über den Außenluftwechsel durch die Fensterfugen und über die Wärmeübergangszahl an der Außenseite der Gebäudeumschließungsbauteile pauschaliert berücksichtigt. Feuchte, Druck und Reinheit der Außenluft sowie die Sonneneinstrahlung werden nur bei Klimatisierung in die Berechnung einbezogen. Selbstverständlich beeinflußt auch bei Gebäuden ohne Klimatisierung die Sonneneinstrahlung den Energiebedarf. Hierzu werden in der Regel Korrekturfaktoren verwendet, aus denen die Wirkung der Sonneneinstrahlung jedoch nicht mehr zu erkennen ist.

Die Temperatur der Außenluft muß bei allen Systemen zur Raumkonditionierung berücksichtigt werden, und zwar zur Dimensionierung der Anlagen die Extremwerte und zur Bestimmung des Jahresenergiebedarfs je nach gewünschter Genauigkeit die Mittelwerte oder der Zeitgang. Die Verwendung von Mittelwerten kann zu erheblichen Fehlern führen, insbesondere, wenn von der üblichen Bauweise stark abgewichen wird. Dadurch können sich z.B. bei Heizungsanlagen die Relationen zwischen Transmissionswärmebedarf, Lüftungswärmebedarf und Wärmegewinne durch Sonneneinstrahlung, Beleuchtung, Personen u.ä. stark verschieben, so daß die Grenzen der Heizperiode und die aus der Erfahrung abgeleiteten Korrekturfaktoren keine Gültigkeit mehr haben.

Um hinreichend genaue Ergebnisse für den Energiehaushalt eines Gebäudes zu erhalten, wird man daher in vielen Fällen den Zeitgang des Außenklimas betrachten müssen, wobei im Bezug auf die Raumkonditionierung hierunter vor allem die Temperatur und Feuchte der Außenluft sowie die Sonneneinstrahlung zu verstehen sind.

Die Anforderungen an das Raumklima auch im Zusammenhang mit der Raumnutzung sind in Kap. 3 beschrieben. Daraus lassen sich die einzelnen Einflußfaktoren auf den Energiehaushalt des Gebäudes ableiten. Es sind vor allem die Temperatur und Feuchte der Raumluft, der Frischluftbedarf für die Personen, die für eine ausreichende Raumdurchspülung erforderlichen Zuluftmengen, die natürliche und künstliche Beleuchtung, der durch die Nutzung bedingte Energieeintrag im Raum, die Nutzungszeiten der Räume und damit zusammenhängend die Betriebszeiten der Anlagen zur Raumkonditionierung. Wie beim Außenklima ist auch bei der Betrachtung des Raumklimas und der Raumnutzung i.a. der Zeitgang zu berücksichtigen.

Der Einfluß des Baukonzeptes auf den Energiehaushalt ist weit größer als vielfach bei der Berechnung des Energiebedarfs angesetzt wird. So sind selbst für nur beheizte Gebäude nicht allein die Wärmedurchgangszahlen für die einzelnen Außenbauteile wie Außenwände, Fenster, Dach und Bodenkonstruktion sowie die Fugenlänge und -dichtigkeit, sondern auch die Wärmespeicherfähigkeit aller Bauteile zu berücksichtigen. Denn hierdurch werden die Auskühlung des Gebäudes während der Nachtabsenkung, die Möglichkeit der Ausnutzung hoher Wärmeeintragung in den Raum z.B. durch Sonneneinstrahlung zur Deckung der Wärmeverluste in den Abend- und Nachtstunden und vor allem das Raumklima im Sommer bestimmt. Mit der Auswahl der Baumaterialien kann bereits die Entscheidung über die Notwendigkeit einer Klimatisierung gefallen sein. Die Höhe der Wärmespeicherfähigkeit verändert nicht nur die Heizlast, sondern auch die Kühllast eines Gebäudes und somit die Größe und den Energieverbrauch einer Klimaanlage.

Die Gebäudeform beeinflußt durch das Verhältnis von Außenfläche zu Volumen den Energiebedarf zur Deckung der Verluste über die Gebäudeoberflächen. Dies kann jedoch bei großen Gebäudetiefen überlagert werden durch erhöhten Energiebedarf für Beleuchtung und für die erforderliche Klimatisierung zumindest der Innenzonen.

Himmelsrichtung, Sonnenschutzmaßnahmen, Verschattungen durch Gebäudeteile u.ä. verändern ebenfalls den Energiehaushalt eines Gebäudes vor allem aufgrund der unterschiedlichen Sonneneinstrahlung.

Das Fenster, das immer Auswirkungen auf den Energiebedarf hat, kann in Sonderfällen bereits Teil der Haustechnik und somit der energietechnischen Konzeption sein. Ein typisches Beispiel hierfür sind die sogenannten Abluftfenster (siehe Kap. 8.2.1). Damit soll angedeutet werden, daß die Grenzen zwischen Baukonzept und energietechnischer Konzeption fließend sind, was z.B. auch für die Fragen des Sonnenschutzes u.ä. gilt.

Die Einflüsse der energietechnischen Konzeption auf den Energiehaushalt eines Gebäudes werden vor allem geprägt durch:

Anlagenart zur Raumkonditionierung, wie Heizung, Lüftung, Klimatisierung

Anlagentyp, wie Radiator- oder Flächenheizung, Klimaanlagen mit Energietransport nur mit Luft oder mit Luft und Wasser

Art der Anlagenteile, wie Wärme- und Kälteerzeuger, Befeuchter, Rückkühler

Energierückgewinnung und Energieverschiebung im Gebäude

Beleuchtungssysteme

Regelung und Steuerung der Anlagen und Anlagenteile

Energetische Integrierung der einzelnen Anlagen und Anlagenteile.

Die Aufteilung der wesentlichen Einflußgrößen auf vier Gruppen soll zu einer besseren Übersicht insbesondere im Zusammenhang mit der mathematischen Behandlung der einzelnen Größen in Kap. 7 dienen. Die Abgrenzung der einzelnen Gruppen gegeneinander ist teilweise fließend. Damit wird aber auch deutlich, daß Raumnutzung, Baukonzept und energietechnische Konzeption nicht getrennt voneinander betrachtet werden dürfen, was bedeutet, daß bereits beim Entwurf der Gebäudekonzeption eine enge Kooperation zwischen Bauherr, Architekt und Ingenieur des technischen Ausbaus vorhanden sein sollte.

5. Ziele und Methoden der Optimierung

Eine Optimierung im Bereich der Raumkonditionierung hat im allgemeinen die Zielsetzung, die Kosten möglichst gering zu halten. Welche Kosten dabei von Interesse sind, kann im Einzelfall sehr unterschiedlich sein. So wird z.B. der Ersteller eines Gebäudes auf niedrige Investitionen bedacht sein, während der spätere Nutzer des Gebäudes auf geringe Heiz- bzw. Energiekosten /31/ Wert legt.

Weiteres Ziel kann sein, ein Minimum an Energiebedarf bzw. -verbrauch zu erreichen. Eine solche Optimierung ist jedoch meist nicht möglich oder sinnvoll, da entweder kein Minimum vorhanden ist oder aber unverhältnismäßig hohe Aufwendungen in einem anderen Bereich z.B. bei den Investitionen entgegenstehen (siehe Kap. 6.1.3).

Daher wird sich eine Optimierung bei der Raumkonditionierung in der Regel an Kriterien der Wirtschaftlichkeit orientieren müssen. Hierzu werden meist die Methoden zur Ermittlung der Gesamtkosten nach VDI 2067 /6/ für Wirtschaftlichkeitsberechnungen herangezogen, wie sie z.B. auch von Werner und Gertis /32/ und anderen verwendet werden. Die jährlichen Gesamtkosten setzen sich dabei zusammen aus:

Verbrauchsgebundene Kosten
Kapitalgebundene Kosten
Betriebsgebundene Kosten
Sonstige Kosten.

Bei der Optimierung ist die Summe dieser Kosten zu minimieren. Ein Beispiel ist in Kap. 6.1.1 gegeben.

Für einige Fragestellungen erscheint es jedoch günstiger, andere Wege zu beschreiten. So wird in Kap. 6.1.2 gezeigt, daß die Frage nach einer wirtschaftlich optimalen Wärmedämmung auch unter der Prämisse beantwortet werden kann, eine möglichst hohe Rentabilität des investierten Kapitals zu erzielen.

Wie in Kap. 4 beschrieben, wird der Energiehaushalt eines Gebäudes durch eine große Anzahl von Einflußgrößen bestimmt. Hinsichtlich der Beeinflußbarkeit im Sinne einer Optimierung lassen sie sich in vier Gruppen zusammenfassen /30, 33/:
— haustechnische Maßnahmen
— bauliche Maßnahmen
— versorgungstechnische Maßnahmen
— betriebliche Maßnahmen.

Zu den haustechnischen Maßnahmen zählen insbesondere der Einbau geeigneter Heizungs-, Klimatisierungs- und Beleuchtungssysteme unter Berücksichtigung der Möglichkeiten von Energierückgewinnung und Energiekreisläufen im Gebäude. Aber auch die Frage zur Wahl der Energieträger, der Wärme- und Kälteerzeugungsanlagen sowie der Energieverteilung innerhalb des Gebäudes ist in die Betrachtung einzubeziehen. Desweiteren sind Veränderungen an den Steuerungs- und Regelungseinrichtungen zu beachten.

Die baulichen Maßnahmen beinhalten neben der Verbesserung des Wärmeschutzes der Gebäudehülle und der Verminderung der Lüftungswärmeverluste auch die Baukörpergestaltung und die Auswahl der Baustoffe aus wärmetechnischer Sicht (Wärmeleitfähigkeit und Wärmespeicherfähigkeit).

Versorgungstechnische Maßnahmen, wie z.B. Ausnutzung von Abwärme bei der Stromerzeugung durch Wärme-Kraft-Kupplung, können im allgemeinen vom Energieverbraucher nicht direkt beeinflußt werden. Jedoch nimmt er durch die Wahl der Energieträger sowie durch die Betriebsweise der verbrauchereigenen Energiewandler mittelbaren Einfluß auf die Versorgungstechnik und -wirtschaft.

Betriebliche Maßnahmen umfassen außer richtiger Wartung auch eine geeignete Einstellung der Steuerungs- und Regelungseinrichtungen und eine energiesparende Betriebsweise der haustechnischen Anlagen.

Alle diese Maßnahmen zielen meist auf eine Verringerung des Leistungs- oder Energiebedarfs bzw. Energieverbrauchs ab. Die Suche nach dem Optimum soll die Frage beantworten, inwieweit die erreichbaren Energieeinsparungen wirtschaftlich sinnvoll sind.

Optimierungen können für einzelne Maßnahmen getrennt durchgeführt werden. Dies kommt meist für bestehende Gebäude und Anlagen zum Tragen, da hierfür oft nur noch betriebliche Maßnahmen zur Anwendung kommen können. Zweckmäßig und sinnvoller ist jedoch eine Kombination der verschiedenen Alternativen. Dies hat den Vorteil, daß eine einseitige Betrachtungsweise mit einer Teiloptimierung eines Bau- oder Anlagenteiles vermieden wird. Es wird nämlich öfters übersehen, daß sich ein Gesamtoptimum für ein Gebäude in der Regel nicht aus den Teiloptima für die einzelnen Teile zusammensetzt. So wird z.B. der jährliche Wärmebedarf für einen Raum durch Installation von Innenjalousien anstelle von Außenjalousien verringert, dagegen erhöht sich der Kältebedarf. Unter ungünstigen Voraussetzungen kann sogar durch die Verwendung von Innenjalousien eine Kühlung des Raumes erst erforderlich werden.

Bei einer Gesamtbetrachtung des Gebäudes wird man in vielen Fällen vor allem bei Großbauten die verschiedenen haustechnischen Systeme hinsichtlich Energieerzeugung und -rückgewinnung integrieren, um die Energieversorgung so rationell wie möglich zu machen. Dadurch besteht jedoch die Gefahr, daß die Variabilität der Nutzung eines Gebäudes eingeschränkt oder die bei der Bauplanung vorgenommene Optimierung bei späteren Änderungen nicht mehr gültig ist, da sich damit die Prämissen ändern. Hierdurch werden einige Randprobleme sichtbar, die vor allem durch die Notwendigkeit der Vorausschätzung der für die Optimierung entscheidenden Faktoren gegeben sind. Als Beispiele für die Notwendigkeit der Prognose künftiger Entwicklungen seien stichpunktartig genannt:

— Energiepreise
— Zinssatz
— Personalkosten
— Wartungskosten
— Investitionskosten
— Verfügbarkeit von Energieträgern
— Verfügbarkeit von Personal
— Nutzungsart des Gebäudes
— Nutzungsdauer des Gebäudes und einzelner technischer Anlagen
— Technische Entwicklung für die Anlagen
— Arbeitsplatzbewertung
— Arbeitszeiten

Zusätzlich müssen in die Überlegungen weitere Parameter einbezogen werden, die sich kostenmäßig nur unzulänglich erfassen lassen, wie z.B. Fragen des Umweltschutzes.

Voraussetzung und Grundlage jeder Optimierung für die Raumkonditionierung ist die Ermittlung des Leistungs- und Energiebedarfs sowie des Energieverbrauchs. Darauf aufbauend können die Anlagen dimensioniert und die einzelnen Kosten bestimmt werden. Wie bereits erwähnt, hängt die Höhe und die zeitliche Entwicklung der Kosten von einer Reihe meist nur im Einzelfall quantifizierbarer Faktoren ab. Allgemeingültige Aussagen und Aufzeigen von Tendenzen sind daher meist nur für rein energietechnische Fakten zu erhalten, nicht jedoch für die Kosten und deren nichttechnische Parameter.

Daher wird im folgenden im Zusammenhang mit einer Optimierung wesentlich detaillierter auf die energetischen Probleme als auf die kostenmäßigen eingegangen. Es soll hiermit eine Basis geschaffen werden, mit der dann im Einzelfall eine Wirtschaftlichkeitsbetrachtung und daraus abgeleitet eine Optimierung durchgeführt werden kann.

Im Rahmen der vorliegenden Arbeit werden alle wesentlichen Maßnahmen zu einer rationellen Energieverwendung für die Raumkonditionierung behandelt. Es werden vor allem die Fragen untersucht, die den Energiebedarf betreffen, während die darauf aufbauenden Überlegungen zum Thema Energieverbrauch nicht in die Betrachtung einbezogen werden können und einer weiteren Arbeit vorbehalten bleiben. Die Abgrenzung zwischen diesen beiden Problemkreisen ist aus Bild 2 zu erkennen.

Danach werden vor allem betriebliche und versorgungstechnische Maßnahmen nicht untersucht, wie

Vermeidung unnötigen Verbrauches,
Verringerung der Verteilungs- und Erzeugungsverluste und
Auswahl von Wärme- und Kälteerzeugungsanlagen nach Kriterien des Endenergie- oder Primärenergieverbrauchs, des Umweltschutzes und ähnliches.

Im Hinblick auf eine Optimierung im Zusammenhang mit dem Energiebedarf werden behandelt z.B. der wirtschaftliche Wärmeschutz von Außenbauteilen, die Wärmebilanz von Fenstern unter Berücksichtigung der Transmissionsverluste und der Wärmegewinne durch Sonneneinstrahlung, der natürlichen und künstlichen Beleuchtung sowie die Auswirkungen von Wärmeschutzmaßnahmen auf den Heizungsbedarf von Gebäuden (siehe Kap. 6).

Bereits bei der näheren Betrachtung dieses Themenkreises werden die Grenzen für eine analytische Bestimmung des Optimums erkennbar bzw. erreicht. Solange der Leistungs- und Energiebedarf mit Berechnungsmethoden für stationäre oder quasistationäre Vorgänge bestimmbar ist, kann die Optimierung oft direkt analytisch erfolgen. Wenn jedoch Zeitgänge z.B. des Außen- und Raumklimas und somit auch das Speicherverhalten von Bauteilen berücksichtigt werden müssen, ist eine Berechnung mit Mittelwerten unzulässig und daher eine direkte Optimierung nicht mehr möglich.

Die Probleme bei der Durchführung einer Optimierung verlagern sich somit von der Kostenermittlung immer mehr auf die Ermittlung des Leistungs- und Energiebedarfs. Durch schrittweise Veränderung der einzelnen Parameter muß man dann versuchen, sich einem Optimum zu nähern.

Daher beinhaltet ein wesentlicher Teil der Arbeit die Herleitung einer Berechnungsmethode zur Ermittlung des Leistungs- und Energiebedarfs für die Raumkonditionierung bei instationären Vorgängen, wobei alle wesentlichen Einflußgrößen auch in ihrem zeitlichen Verhalten berücksichtigt werden (siehe Kap. 7).

Der Aufwand für eine Optimierung sollte jeweils in Relation zum Ergebnis stehen. Aus diesem Grunde muß man vielfach Vereinfachungen oder Vernachlässigungen vornehmen. Auch können durch verallgemeinernde Querschnittsuntersuchungen die Auswirkungen einzelner Einfluß- und Bestimmungsgrößen aufgezeigt und Hinweise auf die Lage des Optimums gegeben werden. So läßt z.B. die bereits erwähnte komplexe Betrachtung eines Fensters, das Wärmeverluste verursacht und aber auch ein Sonnenkollektor ist, Rückschlüsse auf Beurteilungskriterien zu, ohne im einzelnen ein Optimum zu erhalten. Auch wird die Notwendigkeit erkennbar, das Fenster nicht isoliert, sondern im Zusammenhang mit dem Raum zu sehen. Inwieweit während der Heizperiode die Wärmegewinne durch Sonneneinstrahlung, Beleuchtung u.ä. zur Reduzierung des Wärmeverbrauchs beitragen können, hängt von der Höhe der Wärmespeicherkapazität des Raumes ab. Genauso wichtig sind jedoch auch die Einflüsse des Fensters und der Wärmespeicherkapazität der Wände auf das Raumklima im Sommer.

Deshalb wird in Kap. 8.1 untersucht, unter welchen Voraussetzungen baulicher Art auf eine Klimatisierung aus Gründen der thermischen Behaglichkeit verzichtet werden kann. Vermeiden von Nutzenenergiebedarf, z.B. für Kühlung und damit zusammenhängend auf für Ventilation, ist nämlich i.a. sowohl hinsichtlich des Energieverbrauchs wie auch der Kosten günstiger als eine Reduzierung des Energieverbrauchs durch Energierückgewinnung oder ähnliche Maßnahmen bei Klimatisierung.

Eine Klimatisierung ist jedoch nicht immer vermeidbar, insbesondere bei Büro- und Geschäftshäusern mit großen Innenzonen, hoher Beleuchtungsstärke und starker Belegung mit Personen und Maschinen. Auch kann die Luftverschmutzung oder Lärmbelästigung eine Klimatisierung erforderlich machen. Daher werden in Kap. 8.2 die Auswirkungen der einzelnen Einflußfaktoren wie Gebäudebauweise, Klimaanlagesystem und Verfahren zur Energierückgewinnung auf den Leistungs- und Energiebedarf ermittelt.

Die in Kap. 8 aufgezeigten Tendenzen können als Grundlage für eine Optimierung verwendet werden, da sich hieraus Eingrenzungen und Selektionen für die Optimierung vornehmen lassen. Jedoch ist im Einzelfall jeweils eine Wirtschaftlichkeitsbetrachtung durchzuführen. Das Instrumentarium hierzu ist durch die in Kap. 7 hergeleiteten Methoden zur Ermittlung des Leistungs- und Energiebedarfs für die Raumkonditionierung gegeben. Die Wirtschaftlichkeitsberechnung kann dann nach VDI 2067 oder nach anderen wirtschaftlichen Gesichtspunkten vollzogen werden.

6. Optimierungsberechnungen für stationäre und quasistationäre Vorgänge

Spielt die Wärmespeicherfähigkeit von Raum-umschließungsflächen keine oder eine untergeordnete Rolle, so kann bei Fragen der Raumkonditionierung von stationären oder quasistationären Vorgängen ausgegangen werden. Dies trifft bei nichtklimatisierten Gebäuden in der Regel auf die Heizperiode zu, während der die Heizungsanlage bei ununterbrochenem Heizbetrieb die Raumtemperatur auf einem nahezu konstanten Wert halten kann. Die Grenze der Anwendbarkeit von stationären bzw. quasistationären Berechnungsverfahren wird erreicht, wenn nicht mehr geheizt werden soll, sondern gekühlt werden müßte.

Übersteigt der Wärmeeintrag in den Raum durch Sonneneinstrahlung, Beleuchtung, Personen u.ä. über längere Zeitbereiche die Wärmeverluste an die Umgebung, kann mit einer Heizungsanlage ein vorgegebener Sollwert der Raumtemperatur nicht mehr gehalten werden. Dies trifft bereits im Frühjahr und Herbst auf solche Räume zu, die mit sehr großen Fenstern, hohen inneren Wärmelasten, geringer Wärmespeicherfähigkeit der Bauteile oder mit einer sehr starken Wärmedämmung der Außenbauteile ausgestattet sind. Darüber hinaus kann damit auch die Auswirkung einer Nachtabsenkung auf den Jahresenergiebedarf nur unzureichend bestimmt werden.

Im folgenden werden die Problemkreise für eine Optimierung behandelt, die sich mit ausreichender Genauigkeit durch stationäre oder quasistationäre Vorgänge behandeln lassen:
- Maßnahmen für einen wirtschaftlichen Wärmeschutz von Außenwänden
- Energiebilanzen von Fenstern auch in Zusammenhang mit der Beleuchtung
- Energiebilanzen von beheizten Gebäuden.

6.1 Wirtschaftlicher Wärmeschutz

Eine wirkungsvolle Maßnahme zur Reduzierung des Energieverbrauchs für die Raumheizung ist die Wärmedämmung von Außenbauteilen über die nach Norm DIN 4108 /3/ vorgeschriebenen Mindestwerte hinaus.

Dabei wird man sich i.a. nach wirtschaftlichen Gesichtspunkten orientieren. Die heute übliche Betrachtungsweise geht davon aus, die jährlichen Gesamtkosten zu minimieren /32, 34/. Diese Rechenweise lehnt sich an die VDI 2067 /6/, die Richtlinie für Wirtschaftlichkeitsberechnungen von Wärmeverbrauchsanlagen, an.

Eine weitere Möglichkeit zur Optimierung ist die Frage nach einer möglichst hohen Rentabilität des investierten Kapitals. Dieses Verfahren ist bisher für Fragen der wirtschaftlich optimalen Wärmedämmung noch nicht allgemein angewendet worden. Es bietet jedoch einige Vorteile, die gleichfalls im einzelnen diskutiert werden.

6.1.1 Wirtschaftlich optimaler Wärmeschutz zum Erreichen minimaler Jahresgesamtkosten

Die jährlichen Gesamtkosten von Wärmeverbrauchsanlagen setzen sich nach VDI 2067 aus vier Kostengruppen zusammen:
- Verbrauchsgebundene Kosten
  z.B. Energiekosten
- Kapitalgebundene Kosten
  d.h. Kapitaldienst (Verzinsung und Abschreibung) und Instandhaltung
- Betriebsgebundene Kosten
  d.h. Bedienungs- und Wartungskosten
- Sonstige Kosten
  z.B. Versicherung, Steuer u.ä.

Zur Optimierung der Gesamtkosten müssen die einzelnen Kostenarten in Abhängigkeit von der Wärmedurchgangszahl **k** eines Außenbauteils ermittelt werden, da sie ein Maß für die Wärmedämmung ist.

Zur Berechnung der Jahresenergiekosten muß zunächst der Jahresenergiebedarf errechnet werden. Er kann aufgrund der Norm DIN 4701 /5/ und der Richtlinie VDI 2067, Blatt 2, bestimmt werden. Da für die Frage der Wärmedämmung nur die Wärmeverluste durch Wände interessieren, wird ausschließlich der Transmissionswärmebedarf betrachtet. Der Lüftungswärmebedarf bleibt unberücksichtigt. Der Wärmebedarf und die jeweiligen Kosten werden auf 1 m² Außenwandfläche bezogen.

Der jährliche Transmissionswärmebedarf $q_{T,a}$ je m² Außenbauteilfläche beträgt

$$q_{T,a} = k \cdot (\vartheta_{i_m} - \vartheta_{a_{min}}) \cdot z \cdot b_p \cdot f \qquad (7)$$

mit

k   gesamte Wärmedurchgangszahl des Außenbauteils einschließlich Wärmeisolierung in W/m²K

ϑ_{i_m} mittlere Raumtemperatur während der Heizperiode in °C

$\vartheta_{a_{min}}$ Auslegungswert der Außenlufttemperatur in °C

z   Zuschlagsfaktor nach DIN 4701, abhängig von der Betriebsart der Heizungsanlage

b_p Jahresvollbenutzungsstunden während der Heizperiode, nach VDI 2067 Blatt 2 in h/a

f   Faktor zur Berücksichtigung des Heizbetriebes außerhalb der Heizperiode, nach VDI 2067 Blatt 2

Die Jahresenergiekosten K_E errechnen sich daraus unter Berücksichtigung des spezifischen Wärmepreises p_W zu:

$$K_E = q_{T,a} \cdot p_W \qquad (8)$$

Der spezifische Wärmepreis p_W enthält die gesamten Brennstoffkosten, bezogen auf die im Raum zur Verfügung stehende Nutzwärme. Daher sind bei der Ermittlung von p_W auch die Wirkungsgrade der Heizungsanlage und der Verteilung im Jahresdurchschnitt zu berücksichtigen.

Die Investitionen für die Heizungsanlage I_H lassen sich aus drei Anteilen zusammensetzen, einem Grundanteil, den Investitionen entsprechend der Anlagegröße bei Mindestwärmeschutz nach DIN 4108 und der Reduzierung der Investitionen für die Heizungsanlage durch zusätzliche Wärmedämmaßnahmen:

$$I_H = I_{H_o} + i_{H_1} \cdot k_{max} (\vartheta_{i_m} - \vartheta_{a_{min}}) \cdot z -$$
$$- i_{H_2} \cdot (k_{max} - k) (\vartheta_{i_m} - \vartheta_{a_{min}}) \cdot z \qquad (9)$$

mit:

I_{H_o} Grundanteil der Investition für die Heizungsanlage in DM je m² Außenbauteilfläche

i_{H_1} spez. Zusatzinvestitionen der Heizungsanlage abhängig von der Anlagengröße bei Bauweise nach Mindestwärmeschutz nach DIN 4108 in DM/W

i_{H_2} Reduzierung der spezifischen Investition für die Heizungsanlage abhängig von der Stärke der zusätzlichen Wärmedämmung in DM/W. Der Wert von
$$i_{H_2}$$
ist meist kleiner als der Wert von
$$i_{H_1},$$
da sich bei erhöhter Wärmedämmung nicht alle Investitionen für die einzelnen Anlageteile proportional zur Verringerung des Wärmebedarfs erniedrigen.

k_{max} zulässige Wärmedurchgangszahl bei Mindestwärmeschutz nach DIN 4108 in W/m²K

Die Jahreskosten K_H der Heizungsanlage errechnen sich dann aus den Investitionen für die Heizung I_H mit einem Annuitätsfaktor a_H, der Verzinsung und Abschreibung, aber auch Instandhaltungs- und Wartungskosten beinhaltet, zu:

$$K_H = I_H \cdot a_H \qquad (10)$$

Die während der Nutzungsdauer konstante Annuität a in %/a des investierten Kapitals für Abschreibung und Zinsen errechnet sich nach:

$$a = \frac{(1 + \frac{p_z}{100})^n}{(1 + \frac{p_z}{100})^n - 1} \cdot p_z \qquad (11)$$

mit:

p_z Zinsfuß in %/a

n Nutzungsdauer in Jahre

Zu dieser Annuität für Abschreibung und Zinsen ist noch der Prozentsatz für Instandhaltung und Wartung zu addieren, um die Gesamtannuität a_H zu erhalten.

Bei der Baukonstruktion werden nur die Zusatzkosten berücksichtigt, die durch die zusätzliche Wärmedämmung über den Mindestwert nach DIN 4108 hinaus verursacht werden. Die Investitionen I_D für die Wärmedämmung bestehen aus den Investitionen des Wärmedämmstoffes und seiner Verlegung und den zusätzlichen Investitionen des Witterungsschutzes, sofern diese die entsprechenden Kosten der unisolierten Wand übersteigen. Sie setzen sich aus einem Grundanteil

$$I_{D_o}$$

welcher im wesentlichen die Kosten der Verlegung und des zusätzlichen Witterungsschutzes beinhaltet, und einem von der Wärmedämmstoffstärke s_D abhängigen Anteil zusammen:

$$I_D = I_{D_o} + i_D \cdot s_D \qquad (12)$$

mit:

I_{D_o} Grundanteil der Investition für die Wärmedämmung in DM/je m^2 Außenbauteilfläche.
Dieser Wert hängt von der Art des Wärmedämmstoffes (Styropor, Mineralwolle o.ä.), der Lage der Isolierung (innen, außen oder mitten in der Wand) und der Art des Witterungsschutzes (Asbestzement, Waschbeton usw.) ab. Er muß für jeden Einzelfall gesondert ermittelt werden, seine Größe hat jedoch keinen Einfluß auf die Abhängigkeit der Gesamtkosten von der Wärmedurchgangszahl. Insofern sind diese Kosten für die Optimierung der Wärmedurchgangszahl nicht entscheidend.

i_D spezifische Zusatzinvestitionen für den Wärmedämmstoff, abhängig von der Stärke der Wärmedämmung in DM/m^3

s_D Stärke der Wärmeisolierung in m

Die Jahreskosten für die Wärmedämmung betragen dann:

$$K_D = I_D \cdot a_D \qquad (13)$$

mit:

a_D Annuitätsfaktor der Investitionen für die Wärmedämmung incl. Instandhaltungs- und Wartungskosten.

Der Zusammenhang zwischen Stärke der zusätzlichen Wärmeisolierung s_D, ihrer Wärmeleitzahl λ_D, der Wärmedurchgangszahl des Außenbauteiles einschließlich Wärmeisolierung k und der max. zulässigen Wärmedurchgangszahl k_{max} bei Mindestwärmeschutz nach DIN 4108 ermittelt sich nach:

$$s_D = \lambda_D \cdot \left(\frac{1}{k} - \frac{1}{k_{max}} \right) \qquad (14)$$

Aus den in DIN 4108 angegebenen Mindestwerten für den Wärmedurchgangswiderstand von Außenbauteilen läßt sich k_{max} bestimmen zu (Wärmedämmgebiet I und II):

Außenwand:
$k_{max} = 1{,}57 \ W/m^2 K$

Dach (abhängig von der Art der Dachkonstruktion):
$k_{max} = 0{,}687 \ldots 0{,}732 \ W/m^2 K$

Kellerdecken[1] (Äquivalentwert):
$k_{max} = 0{,}38 \ W/m^2 K$

---

1 Nach DIN 4701 sind für Außenwände bzw. Dächer und Kellerdecken unterschiedliche Auslegungstemperaturen vorgesehen. Um die k_{max}-Werte vergleichen zu können, wird der Wert für die Kellerdecke auf einen Äquivalentwert umgerechnet, der die unterschiedliche Temperatur des Kellers und der Außenluft berücksichtigt.

In **Bild 10** ist der Zusammenhang zwischen der Stärke der Wärmeisolierung und dem gewünschten k-Wert für die drei vorgenannten Typen von Außenbauteilen eingezeichnet.

Man erkennt, daß insbesondere bei der Außenwand bereits eine geringe Isolierstärke eine erhebliche Verbesserung der Wärmedurchgangszahl k und damit proportional eine Verringerung des Jahresenergiebedarfs ermöglicht. Je stärker die Wärmeisolierung wird, um so geringer wird jedoch der zusätzliche Nutzeffekt. So wird z.B. bei einer Außenwand mit den ersten 2 cm Isolierung (λ_D = 0,041 W/m^2 K) der k-Wert um 44 % reduziert, während zusätzliche 2 cm nur noch eine Verringerung um 30 % bringen, bezogen auf den jeweiligen Ausgangswert.

Die jährlichen Gesamtkosten K errechnen sich durch Addition der Jahreskosten für Energieverbrauch, Heizungsanlage und Wärmedämmung zu:

$$K = K_E + K_H + K_D \qquad (15)$$

Sie sind in **Bild 11** für eine Außenwand als Funktion der Wärmedurchgangszahl k sowie der Stärke der Wärmeisolierung s_D dargestellt, wobei die Zahlenwerte für die einzelnen Parameter in **Tafel 5** zusammengestellt sind.

Aus Bild 11 ist ein Minimum der jährlichen Gesamtkosten für den Heizbetrieb bei einer Wärmedurchgangszahl von ca. 0,6 W/m^2 K ($k_{k\ opt\ 1}$) bzw. bei einer Isolierstärke zwischen 4 und 5 cm ($s_{D\ opt\ 1}$) zu erkennen.

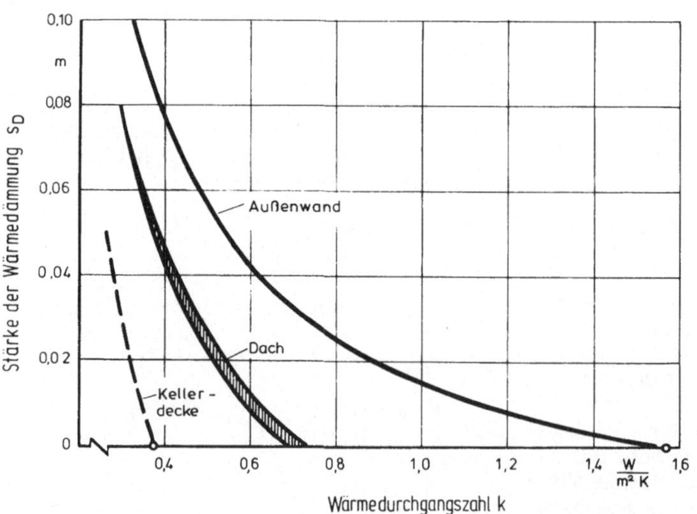

Bild 10:   Zusammenhang zwischen Stärke der Wärmedämmung und gewünschter Wärmedurchgangszahl, ausgehend von Mindestwärmedämmung nach DIN 4108

Die jährlichen Gesamtkosten liegen in diesem Bereich bei 7 DM/m^2 · a gegenüber rd. 8,30 DM/m^2 · a ohne Zwischenisolierung.

Das Kostenminimum ist sehr flach, wodurch in einem relativ breiten Bereich eine wirtschaftliche Wärmedämmung mit minimalen Jahresgesamtkosten erreichbar ist.

Wie bereits erwähnt, hat der Grundanteil bei den Investitionskosten für die Wärmedämmung keinen Einfluß auf das Kostenoptimum. Jedoch bewirkt er, daß eine zusätzliche Wärmedämmung über ein bestimmtes Maß hinausgehen muß, um sich überhaupt zu rentieren, da dieser Grundanteil

$$(I_{D_o} \cdot a_D),$$

der im vorliegenden Beispiel rd. 1,— DM/m^2 · a beträgt, durch entsprechende Einsparungen an Brennstoff- und Heizungsanlagekosten auf jeden Fall zunächst kompensiert werden muß. Ein derartiger „unrentabler" Bereich ist nach Bild 11 bei einer Wärmedurchgangszahl über 1,2 W/m^{2}K bzw. einer Isolierstärke unter 1 cm gegeben.

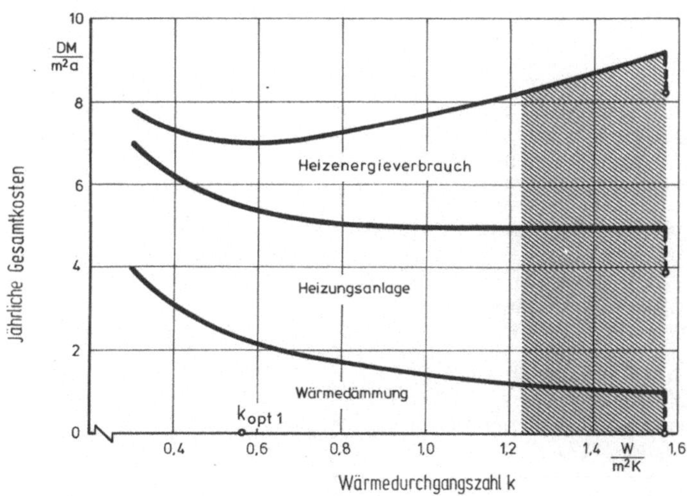

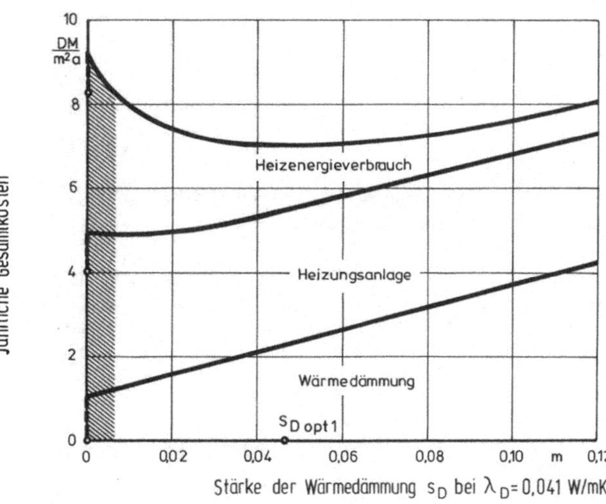

Bild 11:   Jährliche Gesamtkosten je m^2 Außenwand

Bezeichnung	Wert	Bemerkungen
ϑ_{i_m}	20 °C	–
$\vartheta_{a_{min}}$	– 15 °C	gültig für Wärmedämmgebiet II
z	1,07	Betriebsart I, d.h. ununterbrochener Heizbetrieb mit Nachtabsenkung
b	1500 h/a	–
f	1,2	–
p_W	40 DM/MWh	z.B. Heizölpreis von 0,30 DM/l und Gesamtnutzungsgrad von 75 % /6/
I_{H_o}	≈ 0 DM/m^2	–
i_{H_1}	0,55 DM/W	–
i_{H_2}	0,15 DM/W	–
a_H	0,1295/a	Nutzungsdauer 20 Jahre, Zinsfuß 9 %/a Instandhaltungs- und Wartungskosten 2 %/a /6/
I_{D_o}	10 DM/m^2	nach Auswertung von /35, 36, 37/
i_D	260 DM/m^3	nach Auswertung von /39, 40, 41/ gültig für eine Wärmeleitzahl $\lambda_D = 0,041$ W/mK
a_D	0,103/a	Nutzungsdauer 40 Jahre, Zinsfuß 9 %/a Instandhaltungs- und Wartungskosten 1 %/a

Tafel 5: Gewählte Zahlenwerte der Parameter für die Optimierung der Wärmedämmung

Den formelmäßigen Zusammenhang für die optimale Wärmedurchgangszahl erhält man, indem die Gleichung (15) für die jährlichen Gesamtkosten nach k differenziert wird und dann das Differential zu Null setzt. Daraus ergibt sich die wirtschaftlich optimale Wärmedurchgangszahl einer Wand einschließlich Isolation $k_{opt\,1}$ im Hinblick auf minimale jährliche Gesamtkosten zu:

$$k_{opt\,1} = \sqrt{\frac{i_D \cdot \lambda_D \cdot a_D}{(\vartheta_{i_m} - \vartheta_{a_{min}}) \cdot z \cdot (b_p \cdot f \cdot p_W + i_{H_2} \cdot a_H)}} \qquad (16)$$

oder umgerechnet auf die Stärke der zusätzlichen Wärmeisolierung

$$s_{D\,opt\,1} = \sqrt{\frac{\lambda_D \cdot (\vartheta_{i_m} - \vartheta_{a_{min}}) \cdot z \cdot (b_p \cdot f \cdot p_W + i_{H_2} \cdot a_H)}{i_D \cdot a_D}} - \frac{\lambda_D}{k_{max}} \qquad (17)$$

Das so errechnete wirtschaftliche Optimum der Wärmeisolierung ist abhängig von den der Stärke der Wärmeisolierung proportionalen Zusatzinvestitionen, dem Zinsfuß, dem spez. Energieverbrauch, den Energiepreisen sowie der Reduzierung der Investitionen der Heizungsanlage. Es ist dagegen unabhängig vom Grundanteil der Investitionen für Wärmeisolierung und Heizungsanlage.

Um den Einfluß von Kostenveränderungen der einzelnen Parameter auf die wirtschaftliche Wärmedämmung

($k_{opt\,1}$ bzw. $s_{D\,opt\,1}$)

zu erkennen, sind in **Bild 12** diese Kostenparameter in einem sehr weiten Indexbereich von 0,5 bis 1,5, bezogen auf den jeweiligen Basiswert für Bild 11 (siehe Tafel 5), variiert.

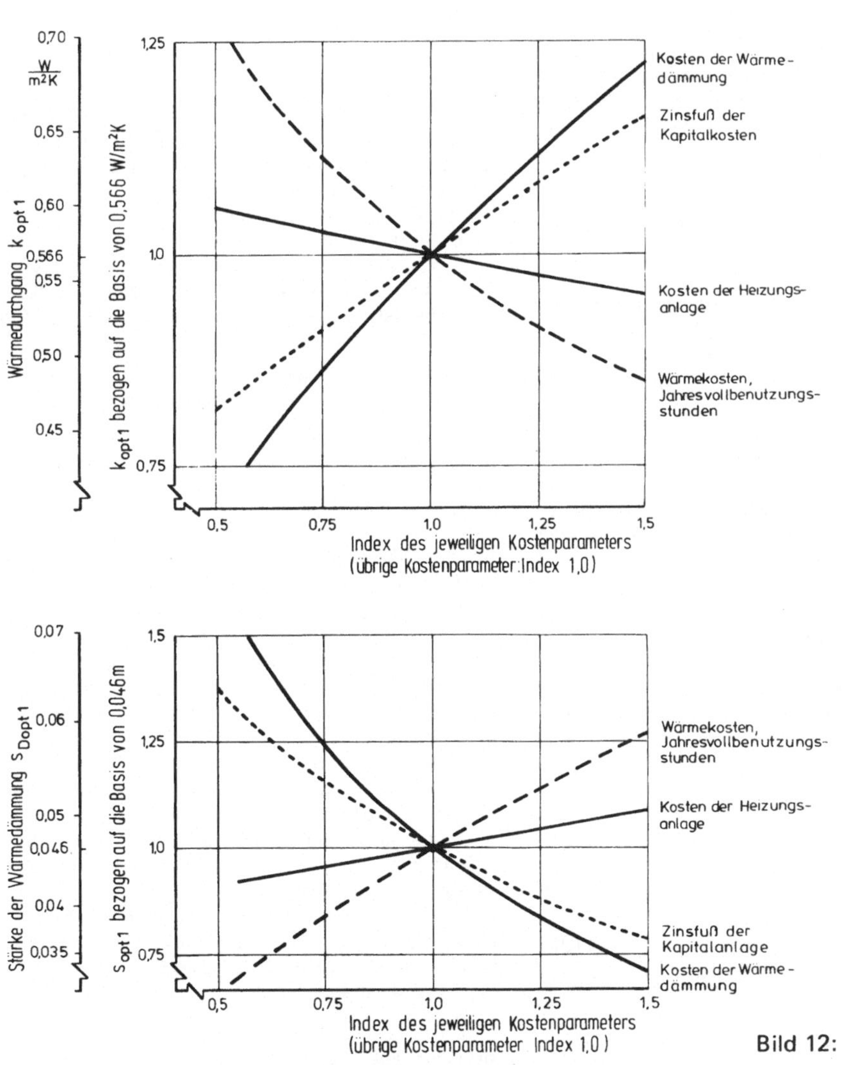

Bild 12: Optimale Wärmedämmung zum Erreichen minimaler Jahresgesamtkosten

Während die Kosten der Heizungsanlage nur relativ wenig Einfluß auf die Werte von

$$k_{opt\,1} \quad \text{und} \quad s_{D\,opt\,1}$$

haben, wirken sich die übrigen Parameter wesentlich stärker aus.

Dabei ist eine bessere Isolierung vorzunehmen, wenn die Energiepreise oder der Energieverbrauch je m² Außenwand steigen, dagegen eine geringe Isolierung bei steigenden Kosten für die Wärmeisolierung und bei höheren Zinsen.

Der erhebliche Einfluß der Energiepreise und des Zinsfußes auf die Stärke der wirtschaftlichen Wärmedämmung $s_{D\,opt\,1}$ wirkt sich auf die Wahl einer geeigneten Wärmedämmstärke hinderlich aus, da die Zeitentwicklung für diese beiden Parameter langfristig nicht vorhergesagt werden kann. Etwas ausgleichend wirkt der sehr flache Kurvenverlauf der Gesamtkosten im Bereich des Optimums (Bild 11).

6.1.2 Wirtschaftlich optimaler Wärmeschutz zum Erreichen maximaler Rentabilität

Im Gegensatz zu der Wirtschaftlichkeitsbetrachtung in Kap. 6.1.1, die auf ein Minimum in den jährlichen Gesamtkosten zielt, soll bei den folgenden Überlegungen auf eine möglichst hohe Rentabilität des investierten Kapitals Wert gelegt werden. Unter Rentabilität R sollen in diesem Zusammenhang die jährlichen Einsparungen im Verhältnis zu den Zusatzinvestitionen $\Delta\,(I_H + I_D)$ für Heizungsanlage und Wärmedämmung verstanden werden. Die Einsparungen können sich wahlweise beziehen auf:

- Energieverbrauch $q_{Tr,a}$
  siehe Gl. (7)
- Energiekosten K_E
  siehe Gl. (8)
- Gesamtkosten K
  siehe Gl. (15)

Die Rentabilität R kann danach nach drei Alternativen gewählt werden:

$$\text{a)} \quad R_a = \frac{\Delta\,q_{Tr,a}}{\Delta\,(I_H + I_D)} \qquad (18)$$

$$\text{b)} \quad R_b = \frac{\Delta\,K_E}{\Delta\,(I_H + I_D)} \qquad (19)$$

$$\text{c)} \quad R_c = \frac{\Delta\,K}{\Delta\,(I_H + I_D)} \qquad (20)$$

Alle drei Werte von R sind mit Hilfe der Gleichungen (7) bis (15) bestimmbar.

Unabhängig davon, welche dieser drei Varianten der Rentabilität in Betracht gezogen werden, errechnet sich derselbe Wert für die wirtschaftlich optimale Wärmedämmung $k_{opt\,2}$ bzw. $s_{D\,opt\,2}$ zum Erreichen einer maximalen Rentabilität.

$$k_{opt\,2} = k_{max} \cdot \frac{1}{1 + \sqrt{\dfrac{I_{D_o}}{i_D \cdot \lambda_D} \cdot k_{max}}} \qquad (21)$$

$$s_{D\,opt\,2} = \sqrt{\frac{I_{D_o} \cdot \lambda_D}{i_D \cdot k_{max}}} \qquad (22)$$

Vorteilhaft für dieses Optimum ist, daß es nur von den Kosten für die Wärmedämmung abhängt, die für den jeweiligen Anwendungsfall leicht durch Kostenangebote feststellbar sind.

Dagegen spielen die Höhe und die zeitliche Entwicklung der Energiepreise und des Zinsfußes keine Rolle mehr.

Für die drei unterschiedlichen Arten von Außenbauteilen — Außenwand, Dach und Kellerdecke (siehe Kap. 6.1.1) — ist in **Bild 13** die optimale Wärmedämmung

$$k_{opt\,2} \quad \text{und} \quad s_{D\,opt\,2}$$

als Funktion des Verhältnisses

$$I_{D_o}/i_D$$

dargestellt. Je höher der Grundanteil der Investition

$$I_{D_o}$$

für die Wärmedämmung ist, um so dicker sollte die Wärmedämmung ausgeführt werden. Dagegen nimmt die optimale Stärke der Wärmedämmung ab, wenn die spez. Zusatzinvestitionen i_D je m³ Isoliermaterial ansteigen.

Setzt man dieselben Werte für die einzelnen Parameter an, wie sie in Kap. 6.1.1 verwendet sind (siehe Tafel 5), so ist für die Außenwand nur eine Isolierstärke von 3 cm (λ_D = 0,041 W/mK) zu wählen anstelle von 4 bis 5 cm entsprechend der Optimierung nach Kap. 6.1.1.

Die Abhängigkeit der jährlichen Einsparungen an Heizenergie und Heizenergiekosten je DM Investition zur Wärmedämmung (unter Berücksichtigung der reduzierten Investitionen für die Heizungsanlage) von der Stärke der Wärmedämmung ist in **Bild 14** dargestellt.

Mit Ausnahme von

$$I_{D_o}$$

sind für alle anderen Parameter dieselben Zahlenwerte eingesetzt, wie sie in Kap. 6.1.1 verwendet sind.

Man erkennt ein stark ausgeprägtes Opti-

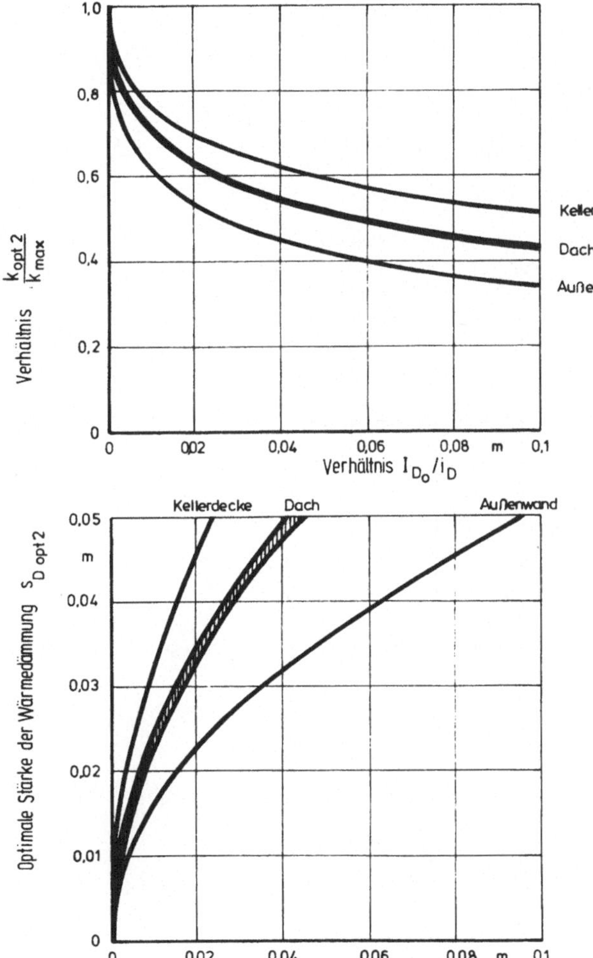

**Bild 13:   Optimale Wärmedämmung
zum Erreichen maximaler
Rentabilität**

mum. Auch ist die Höhe der Rendite, nämlich eine Energiekosteneinsparung je DM zusätzlicher Investition, mit rd. 16 % bei

$$I_{D_o} = 10 \text{ DM/m}^2$$

und von fast 30 % bei

$$I_{D_o} = 5 \text{ DM/m}^2$$

erstaunlich.

Bei dieser Art der Optimierung ist es vorteilhaft, daß das Optimum ohne Prognose der Kostenentwicklung gefunden wird. Außerdem läßt sich auch der größte Nutzeffekt des investierten Kapitals direkt ermitteln.

Dies ist nicht nur für den Bauherrn wichtig, sondern sollte auch bei Förderungsmaßnahmen der öffentlichen Hand bedacht werden.

6.1.3   Optimaler Wärmeschutz zum Erreichen minimalen Energieverbrauchs

Bei der Diskussion von sinnvollen Einsparungsmöglichkeiten an Heizenergie durch erhöhte Wärmedämmung wird vielfach die Frage gestellt, ob nicht der Energieverbrauch für die Herstellung des Isoliermaterials die Verringerung des Heizenergieverbrauchs aufwiegt. Daraus läßt sich auch die Überlegung ableiten, den kumulierten Energieverbrauch während der Nutzungsdauer des Gebäudes zu minimieren. Das energetische Optimum der Wärmedämmung k_{opt3} bzw. $s_{D\,opt3}$ errechnet sich zu:

$$k_{opt3} = \sqrt{\frac{w_D \cdot \lambda_D \cdot \eta}{(\vartheta_{i_m} - \vartheta_{a_{min}}) \cdot z \cdot b_p \cdot f \cdot n}} \qquad (23)$$

$$s_{D\,opt3} = \sqrt{\frac{(\vartheta_{i_m} - \vartheta_{a_{min}}) \cdot z \cdot b_p \cdot f \cdot n \cdot \lambda_D}{w_D \cdot \eta}} -$$

$$- \frac{\lambda_D}{k_{max}} \qquad (24)$$

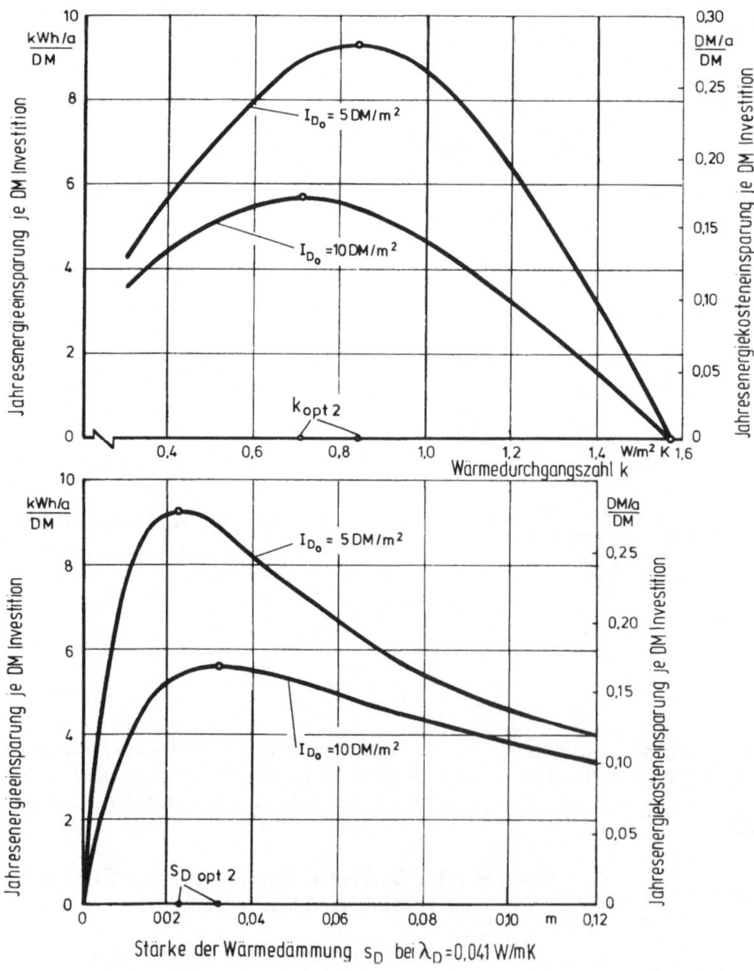

Bild 14: Jährliche Einsparungen an Heizenergie und Heizenergiekosten je DM Investition zur Wärmedämmung

mit:

w_D spez. Energieverbrauch zur Herstellung der Wärmedämmung einschl. dem Energieinhalt der Wärmedämmung in kWh/m^3

η Gesamtnutzungsgrad der Wärmeerzeugungs- und Verteilungsanlage über ein Jahr /3/

n   Nutzungsdauer in Jahren

Geht man von denselben Werten für die einzelnen Parameter aus, wie sie für die Optimierung aus wirtschaftlicher Sicht verwendet sind (siehe Tafel 5), so ist z.B. bei Einsatz von Polystyrolschaum als Wärmedämmaterial (w_D = 850 kWh/m^3 /38/, λ_D = 0,041 W/mK) eine Isolierstärke von 40 cm erforderlich, um das Minimum am kumulierten Energieverbrauch zu erhalten. Ein solcher Wert ist für die Praxis völlig unrealistisch. Demgegenüber sind bei der Optimierung nach wirtschaftlichen Gesichtspunkten nur etwa 3 bis 5 cm notwendig.

Die Veränderungen des kumulierten Energieverbrauchs je m^2 Außenwandfläche sind in **Bild 15** in Abhängigkeit von der Stärke der Wärmedämmung dargestellt. Daraus erkennt man, daß die höchsten Einsparungen an Energie pro cm zusätzliche Isolierung bei Isolierstärken unter 10 cm zu erreichen sind. In diesem Bereich, der für die Praxis interessant ist, spielt der Energieverbrauch für die Herstellung der Wärmedämmung keine entscheidende Rolle. Daher kann die energetische Optimierung bei den Überlegungen für eine sinnvolle Wärmedämmung außer Acht gelassen werden.

6.1.4 Vergleich der Optimierungsverfahren für eine wirtschaftliche Wärmedämmung bei verschiedenen Gebäudetypen

Die in Kap. 6.1.1 und 6.1.2 ermittelten Ergebnisse beziehen sich jeweils auf 1 m^2 Fläche des betreffenden Bauteils. Die Effizienz der Maßnahmen zur wirtschaftlichen Wärmedämmung wird jedoch erst in der richtigen Relation sichtbar, wenn die Einsparungen an Energieverbrauch und Energiekosten eines Gebäudes im Verhältnis zu den Zusatzinvestitionen gesetzt werden, wobei sich der Bezug jeweils auf 1 m^2 Wohnfläche als übersichtlich erweist.

Es werden dazu 5 Gebäudetypen in Anlehnung an die Gebäudebeispiele in DIN 4108, Beiblatt Okt. 1975, ausgewählt:

Typ A   Einfamilienhaus, eingeschossig Flachdach, 1 WoE

Typ B   Einfamilienhaus, 1 1/2-geschossig ausgebautes Dachgeschoß, 1 WoE

Typ C   Zweifamilienhaus, zweigeschossig Flachdach, 2 WoE

Typ D   Reihenhaus, zweigeschossig Flachdach, 8 WoE

Typ E   Wohnblock, 5 Geschosse Flachdach, 30 WoE

Die wichtigsten zugehörigen Flächenangaben sind in **Tafel 6** enthalten.

Die Außenwandfläche je m^2 Wohnfläche variiert zwischen 0,565 bis 1,06, die Dachfläche je m^2 Wohnfläche sogar zwischen 0,22 bis 1,13. Der Fensteranteil an der Fassadenfläche ist dagegen in allen Fällen zu 25 % angesetzt.

Geht man von Zahlenangaben nach Tafel 5 für die einzelnen Parameter zur Bestimmung eines wirtschaftlichen Wärmeschutzes aus, so werden folgende Isolierstärken (λ_D = 0,041 W/m^{2}K) errechnet, wobei auf volle cm auf- bzw. abgerundet ist:

	Isolierstärke in cm	
	$s_{D\ opt\ 1}$	$s_{D\ opt\ 2}$
Außenwand	5	3
Dachfläche	1	0
Fläche der Decke zu nichtausgebautem Dachgeschoß	2	0
Kellerdecke	0	0

Mit diesen Werten lassen sich die Einsparungen an Energie und Energiekosten sowie die zusätzlichen Investitionen bei Wärmedämmaßnahmen nach $k_{opt\ 1}$ und $k_{opt\ 2}$ sowie die dabei erzielte Rentabilität errechnen. Die Ergebnisse sind in **Tafel 7** dargestellt.

Es läßt sich daraus erkennen, daß die Energieeinsparung je m^2 Wandfläche für die Optimierung 1 (minimale Jahresgesamtkosten) zwischen 55 und 109 kWh/m^{2}a stark unterschiedlich vom Gebäudetyp sind. Für die Optimierung 2 (maximale Rentabilität) liegen die Einsparungen bei allen Gebäudetypen um 22 bis 33 % niedriger.

Noch stärker als die Energieeinsparungen schwanken die Investitionen je m^2 Wohnfläche bis zum Faktor 3.

Die Einsparungen an Energieverbrauch bzw. Energiekosten je DM zusätzliche Investition sind bei der Optimierung 2 nach der maximalen Rentabilität für alle Gebäudetypen gleich, nämlich 5,5 kWh/DM · a bzw. 0,165 DM/m^2 · a $\triangleq$

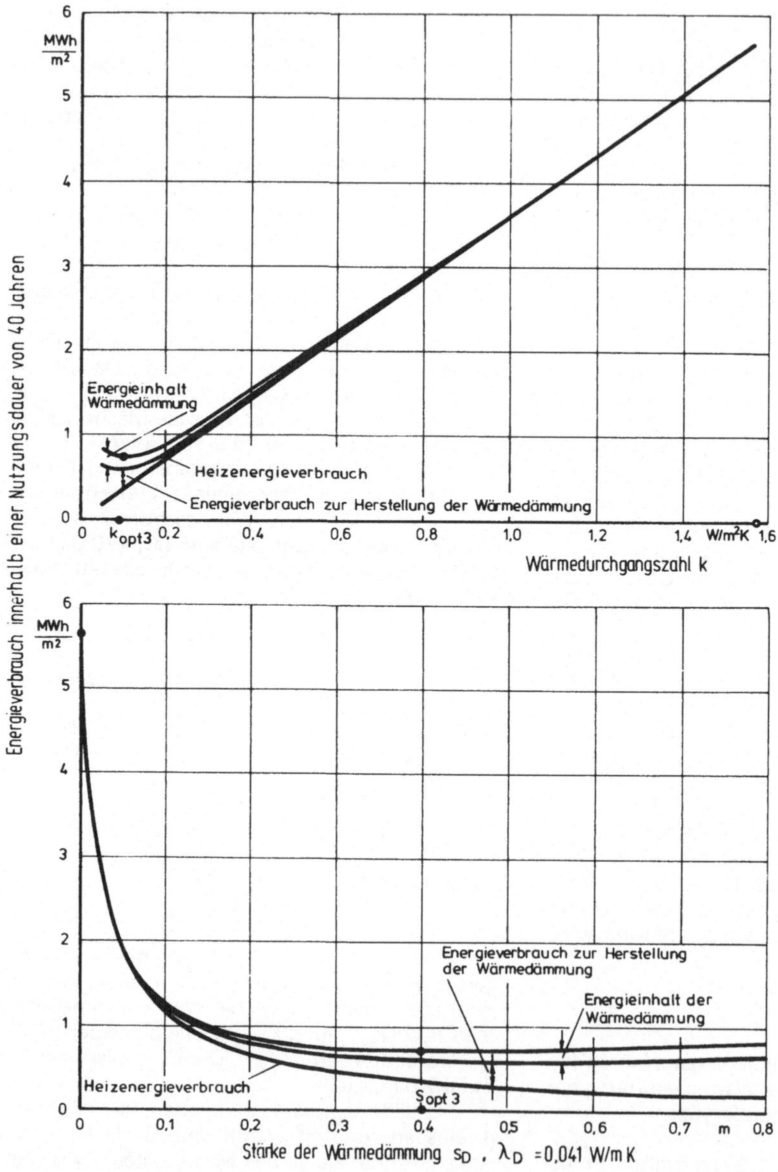

Bild 15:   Gesamtenergieverbrauch je m² Außenwandfläche innerhalb einer Nutzungsdauer von 40 Jahren

16,5 %/a, da nur die Außenwand eine zusätzliche Wärmedämmung erhält.

Mit Ausnahme von Gebäudetyp B liegen die relativen Einsparungen bei der Optimierung 1 nach den minimalen Gesamtkosten um ca. 10 % niedriger. Gebäude B macht eine Ausnahme mit einer Rentabilität von nur rd. 10 %, da die Zusatzinvestitionen erheblich über den entsprechenden Werten nach Optimierung 2 liegen.

Aus diesen Ergebnissen kann gefolgert werden, daß den Optimierungsberechnungen nach Kap. 6.1.2 (maximale Rentabilität) der Vorzug

Gebäude-typ	Bemerkung	$A_{AW}+A_{Fe}$ m^2	$\dfrac{A_{Wo}}{A_{AW}+A_{Fe}}$ —	$\dfrac{A_{Wo}}{WoE}$ m^2	$\dfrac{A_{AW}}{A_{Wo}}$ —	$\dfrac{A_{Da}}{A_{Wo}}$ —	$\dfrac{A_{DD}}{A_{Wo}}$ —
A	Einfamilienhaus, eingeschossig, 1 WoE	120	0,25	85	1,06	1,13	—
B	Einfamilienhaus, 1 1/2-geschossig, 1 WoE	148	0,25	130	0,85	—	0,93
C	Zweifamilienhaus, zweigeschossig, 2 WoE	240	0,25	85	1,06	0,57	—
D	Reihenhaus, zweigeschossig, 8 WoE	672	0,25	85	0,74	0,57	—
E	Wohnblock, 5 Geschosse, 30 WoE	1809	0,25	80	0,565	0,22	—

A_{AW} = Außenwandfläche
A_{Fe} = Fensterfläche
A_{Wo} = Wohnfläche je Wohneinheit

A_{Da} = Dachfläche
A_{DD} = Fläche der Decken zu nichtausgebautem Dachgeschoß
WoE = Wohnungseinheit

Tafel 6: Merkmale verschiedener Gebäudetypen

Gebäude-typ	$\dfrac{A_{Wo}}{WoE}$	Bemerkung zur Wärme-dämmung m^2	Energieeinsparungen $\dfrac{kWh}{m^2 A_{Wo}\cdot a}$	$\dfrac{MWh}{WoE\cdot a}$	Investitionskosten $\dfrac{DM}{m^2 A_{Wo}}$	$\dfrac{DM}{WoE}$	$\dfrac{Energieeinsparungen}{Investitionskosten}$ $\dfrac{kWh/a}{DM}$	$\dfrac{DM/a}{DM}$
A	85	k_{opt1}	109	9,2	21,8	1850	5,0	0,150
		k_{opt2}	80	6,8	14,5	1230	5,5	0,165
B	130	k_{opt1}	96	12,4	29,0	3770	3,3	0,099
		k_{opt2}	64	8,4	11,6	1520	5,5	0,165
C	85	k_{opt1}	104	8,8	20,5	1750	5,1	0,152
		k_{opt2}	80	6,8	14,5	1230	5,5	0,165
D	85	k_{opt1}	76	6,4	14,8	1250	5,1	0,154
		k_{opt2}	56	4,8	10,1	860	5,5	0,165
E	80	k_{opt1}	55	4,4	10,8	860	5,1	0,152
		k_{opt2}	43	3,4	7,7	620	5,5	0,165

A_{Wo} = Wohnfläche
WoE = Wohnungseinheit
k_{opt1} = optimale Wärmedämmung zur Erreichung minimaler Jahresgesamtkosten
k_{opt2} = optimale Wärmedämmung zur Erreichung maximaler Rentabilität

Tafel 7: Einsparungen an Energie und Heizenergiekosten sowie zusätzlichen Investitionen für Wärmedämmaßnahmen bei verschiedenen Gebäudetypen

gegeben werden sollte, da:
- das Optimum der Wärmedämmung ohne Prognose der Entwicklung der Energiepreise und des Zinsfußes gefunden werden kann
- die max. Rentabilität des investierten Kapitals erreicht wird, d.h., bezogen auf die Investition, die höchsten Einsparungen an

  Energie,
  Energiekosten und
  Gesamtkosten
  erzielt werden.

6.2 Optimierungsansätze für Fenster

Während die Wärmeverluste durch Außenwände und Dächer mit Wärmedämmaßnahmen in wirtschaftlichen Rahmen reduziert werden können, sind entsprechende Maßnahmen für Fenster nur im beschränkten Umfang möglich.

Zwar wird heute durch die doppelt verglasten Fenster anstelle der früher üblichen Einfachfenster der Transmissionswärmebedarf der Fenster um ca. 40 % reduziert.

Trotzdem ist die Wärmedurchgangszahl k für zweifachverglaste Fenster noch etwa doppelt so groß wie der nach DIN 4108 zulässige Maximalwert für Außenwände und rd. viermal so groß wie bei wirtschaftlich optimaler Wärmedämmung der Außenwände.

Andererseits können sich drei- oder vierfachverglaste Fenster wegen der hohen Kosten bisher nicht durchsetzen.

Als Ausweg bliebe noch, die Fenster möglichst zu verkleinern. Dagegen spricht jedoch die dadurch bedingte Abkapselung des Raumes von der Umgebung, der höhere Beleuchtungsaufwand und verringerte Wärmeeintrag durch Sonneneinstrahlung.

6.2.1 Wärmegewinne und -verluste bei Fenstern

Zur Beurteilung der Wärmeisolierfähigkeit eines Fensters ist nicht allein die Betrachtung der Wärmeverluste durch Transmission, sondern auch die Einbeziehung der Wärmegewinne durch Sonneneinstrahlung erforderlich, da ein Fenster in Kombination mit dem dahinterliegenden Raum eine Art Plattensammler für Sonnenenergie darstellt.

In **Bild 16a** ist die Energiebilanz eines einfach verglasten Holzfensters für den Energieaustausch durch Transmission und Strahlung dargestellt. Hierfür sind für je ein Nord-, West-, Süd- und Ostfenster die mittleren täglichen Wärmeverluste bzw. Wärmegewinne über der Monatsmitteltemperatur (Klimadaten von Essen) aufgetragen. Es ist dabei vorausgesetzt, daß keine Sonnenschutzmaßnahmen durch Jalousien oder ähnliches vorhanden sind.

Ursache für die Hysterese in den Kurven der Energiebilanz ist die Zeitverschiebung von etwa einem Monat zwischen dem Zeitgang der Sonneneinstrahlung und dem der Außentemperatur.

Beim Nordfenster sind trotz fehlender direkter Sonneneinstrahlung infolge der diffusen Himmelsstrahlung die Wärmeverluste erheblich reduziert.

Bei den besonnten Fenstern ist die Reduzierung der Wärmeverluste erwartungsgemäß noch größer, jedoch nicht im Verhältnis der Maximalwerte der Sonneneinstrahlung (direkt zu diffus) von etwa 6 zu 1, sondern im Mittel nur etwa im Verhältnis von 2 : 1.

Werden zweifach verglaste Fenster gewählt **(Bild 16b)**, wird die relative Reduzierung der Wärmeverluste noch wesentlich größer. Ursache hierfür ist der starke Rückgang der Transmissionswärmeverluste bei fast gleichbleibendem Wärmegewinn durch Sonneneinstrahlung.

Hierdurch tritt z.B. für Südfenster bereits bei mittleren Monatstemperaturen über 5 °C, was dem Mittelwert während der Heizperiode entspricht, im Monatsmittel ein Wärmegewinn auf.

Aus Bild 16 läßt sich die durch Sonnenstrahlung mögliche Reduzierung der Transmissionswärmeverluste für die einzelnen Fenstertypen und die unterschiedlichen Himmelsrichtungen bestimmen.

Die Mittelwerte über die Heizperiode sind in **Bild 17** in Abhängigkeit von der Wärmedurchgangszahl k dargestellt. Die bereits angedeutete Tendenz zeigt sich hier deutlicher, nämlich daß durch Sonneneinstrahlung die Wärmeverluste prozentual um so mehr reduziert werden können, je kleiner der k-Wert des Fensters ist. Die effektive Reduzierung kann geringer sein, wenn Sonnenschutzmaßnahmen getroffen werden. Jedoch dürften i.a. zumindest die Werte für Nordfenster erreicht werden.

Bei zweifach verglasten Fenstern werden über 40 % der Transmissionswärmeverluste durch Sonneneinstrahlung gedeckt, bei dreifach verglasten Fenstern sind es sogar über 50 %.

Zum Vergleich sind in Bild 17 auch die Verhältnisse bei Außenwänden angegeben. Hierfür sind durch Sonneneinstrahlung wesentlich ge-

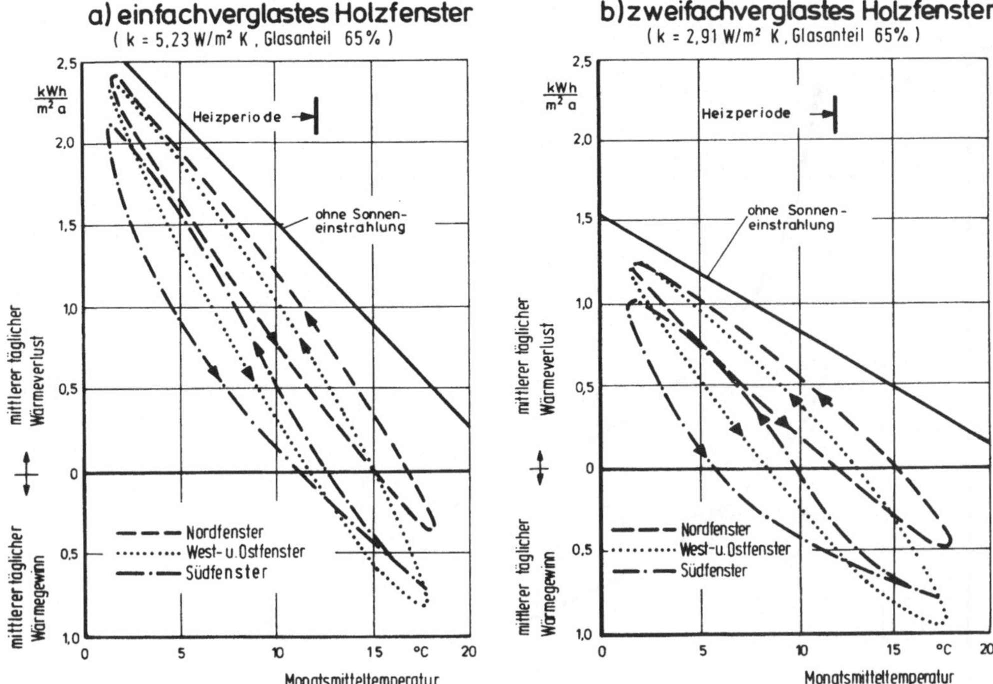

Bild 16:   Energiebilanz eines Fensters für den Energieaustausch durch Transmission und Strahlung

ringere Einsparungen von etwa 10 % erreichbar.

Dies bedeutet aber, daß ein Fenster in der Heizperiode wesentlich geringere Wärmeverluste aufweist als eine Außenwand, wenn gleiche Wärmedurchgangszahlen vorhanden sind. Andererseits darf bei einem vorgegebenen Wärmeverlust je m² Außenfläche der k-Wert eines Fensters wesentlich größer sein als der erforderliche k-Wert einer Außenwand.

Um hinsichtlich der Wärmeverluste vergleichbare Verhältnisse zu erhalten, wird eine **„äquivalente Wärmedurchgangszahl $k_{äq}$"** definiert. Sie gibt an, wie groß die Wärmedurchgangszahl eines Bauteils sein müßte, um dieselben Wärmeverluste während der Heizperiode ohne Berücksichtigung der Sonneneinstrahlung aufzuweisen wie ein reales Fenster bzw. Außenwand mit Sonneneinstrahlung.

Es gilt:

$$k_{äq} = k - \frac{\sum\limits^{Heizp} Q_s}{T_{Heizp} \cdot (\vartheta_{i_m} - \vartheta_{a_m})} \qquad (25)$$

mit:

k Wärmedurchgangszahl des Fensters bzw. der Außenwand in W/m²K

$\sum\limits^{Heizp} Q_s$ Gesamteinstrahlung durch ein Fenster während einer Heizperiode je m² Fensterfläche in Wh/m².

Bei Außenwänden ist der Anteil der von der Wandoberfläche absorbierten Sonneneinstrahlung einzusetzen, um den die Transmissionsverluste verringert werden.

T_{Heizp} Zeitdauer der jährlichen Heizperiode in h

ϑ_{i_m} mittlere Raumtemperatur während der Heizperiode in °C

ϑ_{a_m} mittlere Außentemperatur während der Heizperiode in °C

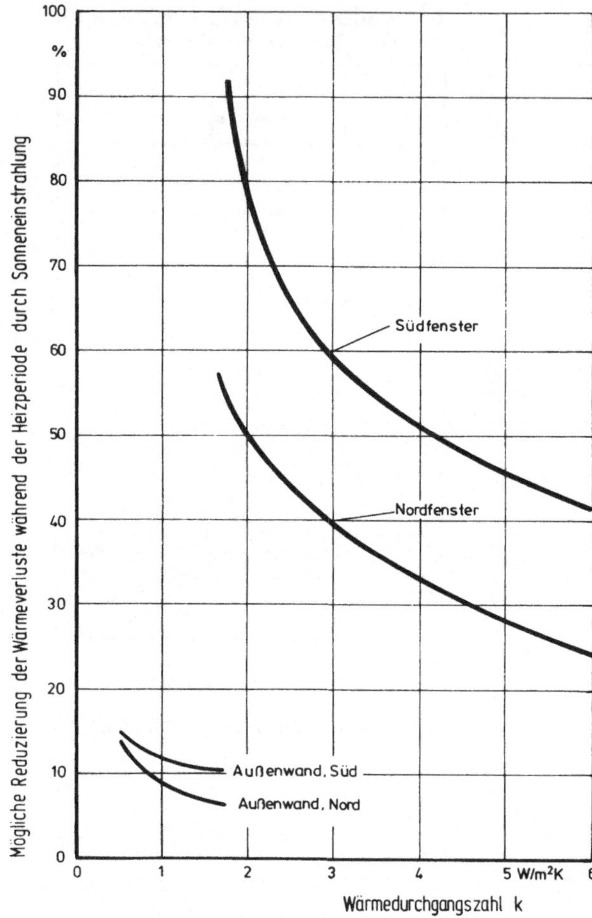

Bild 17:   Mögliche Reduzierung der Wärmeverluste für Fenster und Außenwand durch Sonneneinstrahlung (ohne Lüftung)

Die Abhängigkeit der äquivalenten Wärmedurchgangszahl $k_{äq}$ von der effektiven Wärmedurchgangszahl k eines Fensters bzw. einer Außenwand ist in **Bild 18** für Süd- und Nordfassaden dargestellt.

Daraus erkennt man, daß z.B. für $k_{äq}$ = 1,5 W/m²K eine Außenwand einen k-Wert von ca. 1,6 W/m² und ein Fenster einen k-Wert von 2,6 bis 3,5 W/m²K je nach Himmelsrichtung haben darf.

Ein zweifach verglastes Fenster weist somit etwa dieselben Wärmeverluste während der Heizperiode auf wie eine Außenwand mit Mindestwärmeschutz nach DIN 4108. Ein dreifach verglastes Fenster ist sogar mit einer Außenwand bei wirtschaftlich optimaler Wärmedämmung zu vergleichen.

Die Betrachtung der Mittelwerte darf je-

doch nicht darüber hinwegtäuschen, daß es während eines Tages und von Tag zu Tag erhebliche Schwankungen gibt. Daher muß der Raum als Wärmespeicher wirken. Steigt die Raumtemperatur über den Sollwert an, kann die Sonneneinstrahlung durch die Fenster nicht mehr voll zur Reduzierung der Wärmeverluste ausgenutzt werden. Desweiteren entsteht ohne ausreichende Wärmespeicherfähigkeit im Sommer ein unerträgliches Raumklima. Diese Fragen werden in Kap. 8.1 näher behandelt, da sie mit statischen Berechnungsmethoden nicht beantwortet werden können.

Um Heizenergie zu sparen, erscheint es nach diesen Überlegungen nicht unbedingt sinnvoll, die Fenster möglichst klein zu halten. Jedoch müssen bei größeren Fenstern entsprechende Maßnahmen gegen zu hohe Sonneneinstrahlung getroffen werden, um ein behagliches

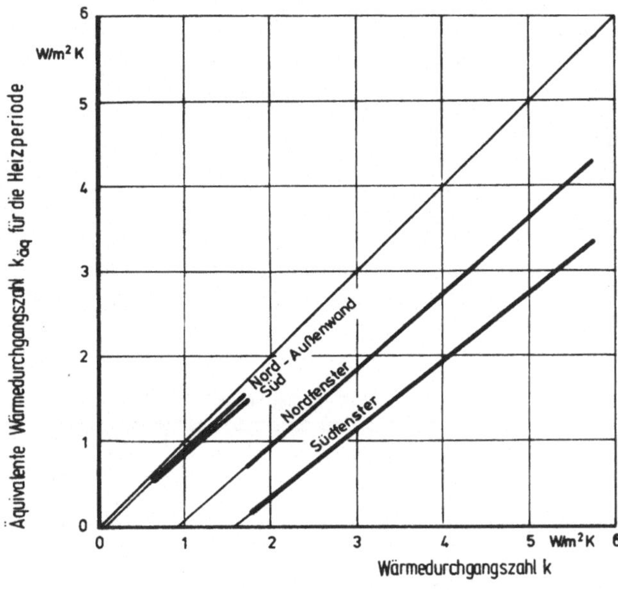

Bild 18:   Äquivalente Wärmedurchgangszahl von Fenster und Außenwand bei Berücksichtigung der Sonneneinstrahlung

Raumklima im Sommer zu ermöglichen (siehe Kap. 8.1).

6.2.2   Natürliche und künstliche Beleuchtung

Zur Festlegung der Mindestfenstergrößen von Aufenthaltsräumen, dazu gehören in der Regel auch Arbeitsräume, sind zwei Kriterien heranzuziehen, nämlich die Norm DIN 5034 /25/ (Innenbeleuchtung mit Tageslicht) und die Bauordnung im jeweiligen Bundesland.

So müssen z.B. im Land Nordrhein-Westfalen nach Par. 59 Abs. 4 der Landesbauordnung vom Jan. 1970 Aufenthaltsräume unmittelbar ins Freie führende und senkrecht stehende Fenster von solcher Zahl, Größe und Beschaffenheit haben, daß die Räume ausreichend belichtet und belüftet werden können. Die Größe der Fenster muß nach Par. 43 Abs. 2 der ersten Verordnung zur Durchführung der Bauordnung für das Land NRW vom Mai 1970 mindestens 1/8 der Grundfläche betragen; hierbei sind Rohbaumaße zugrunde zu legen.

Es stellt sich die Frage, ob die Mindestfenstergröße nach der Bauordnung eine ausreichende Innenraumbeleuchtung mit Tageslicht gewährleistet. Um dies zu prüfen, ist die Norm DIN 5034 heranzuziehen.

Nach DIN 5034 soll in Arbeitsräumen mit einseitiger Fensteranordnung der Tageslichtquotient an keiner Stelle der Nutzfläche kleiner als 1 % sein, um eine befriedigende Versorgung mit Tageslicht zu gewährleisten (siehe Kap. 3.3.2). Normgemäß ist hierzu der Tageslichtquotient an einem Bezugspunkt im Raum maßgebend, der jeweils 1 m von Seiten- und Rückwand entfernt ist.

Um diese Forderungen und den Einfluß auf die künstliche Beleuchtung an einem konkreten Beispiel überprüfen zu können, wird exemplarisch ein typischer Büroraum gewählt, der auch in Kap. 8 zur Darstellung der Auswirkung der verschiedenen Einflußgrößen auf den Leistungs- und Energiebedarf zur Raumkonditionierung verwendet wird.

Die einzelnen Daten für diesen Einheitsraum sind in Kap. 8.1.1 beschrieben. Die im Zusammenhang mit der Beleuchtung wichtigsten Werte sind:

Grundfläche	20,65 m²
Außenfassade (einschl. Fenster)	14,40 m²
Raumbreite (Modulmaß)	3,6 m²
Raumtiefe (Modulmaß)	6,0 m²
Fenstergröße alternativ:	
a) kleine Fenster	2,7 m²
b) mittlere Fenster	4,8 m²
c) große Fenster	7,8 m²

Schon eine erste Überprüfung nach DIN 5034 zeigt, daß der erwähnte Einheitsraum durch eine Fenstergröße von 1/8 der Raumgrundfläche (2,6 m²) nicht ausreichend mit Tageslicht beleuchtet werden kann.

Allerdings scheint es fraglich, ob die Festlegung des Bezugspunktes in DIN 5034 überhaupt sinnvoll ist. Normalerweise werden in kleinen Büroräumen, wie es auch der gewählte Einheitsraum mit den Grundmaßen 6 x 3,6 m^2 ist, Schreibtische ausschließlich in der Fensterzone aufgestellt, während der hintere Raumteil für Ablagen, Schränke und ähnliches dient. Bei Großraumbüros werden die Innenzonen auf jeden Fall künstlich beleuchtet, da sie durch keine noch so großen Fensterflächen genügend Tageslicht erhalten können. Deshalb wird vor allem die Tageslichtbeleuchtung in der Fensterzone untersucht, wobei jedoch aus Vergleichsgründen auch der Bezugspunkt nach DIN 5034 mit einbezogen wird.

Um eine aussagekräftige Darstellung zu erhalten, wird der Tageslichtquotient für Fenstergrößen bis 5 m^2 ermittelt. 5 m^2 sind als die obere Grenze für die Berechnung aufgrund der Tatsache gewählt, daß Fensterflächen unterhalb des Bezugspunktes, der in Schreibtischhöhe liegt, die Tageslichtverhältnisse im Raum kaum verbessern. Das große Fenster des Einheitsraumes von ca. 8 m^2 geht jedoch bis zum Fußboden. Es wird daher hier nicht berücksichtigt.

In der Fensterzone sind für die Untersuchungen der Tageslichtbeleuchtung zwei Bezugspunkte gewählt, einer in 2 m und der zweite in 3 m Entfernung von der Fensterwand, beide in der Mitte zwischen zwei Seitenwänden. Der dritte Bezugspunkt befindet sich gemäß DIN 5034 in der Ecke des Raumes. Alle drei Punkte liegen auf 0,85 m Höhe über dem Fußboden, siehe **Bild 19.**

Die Tageslichtquotienten werden nach dem Berechnungsgang der DIN 5034, Beiblatt 1, unter Zugrundelegung folgender Annahmen ermittelt:
— Transmissionsgrad des Tageslichts durch die Doppelverglasung = 0,8.
— Schwächungsfaktor des Tageslichtes durch Konstruktionsteile der Fenster (Versprossung) k_1 = 0,75.
— Schwächungsfaktor des Tageslichtes durch Fensterverschmutzung k_2 = 0,8.
— Leuchtdichte der Verbauung beträgt 15 % der Himmelsleuchtdichte.
— Der Innenreflexionsanteil wird bestimmt mit Hilfe des Bildes 7 in DIN 5034, Beiblatt 1. Hierzu wird der Raumwirkungsgrad zu 50 % angesetzt.
— Die Verbauung wird vernachlässigt. Der Einfluß der Verbauung auf die Minderung des Tageslichtquotienten ist sehr gering. Zum einen ist die Entfernung der Verbauung relativ groß und zum anderen wird die Verbauung insbesondere für die Bezugspunkte in der

Fensterzone größtenteils dadurch verdeckt, daß die Punkte 0,85 m und die Fensterbrüstung 1,20 m über dem Fußboden liegen.

Die Ergebnisse der Berechnung der Tageslichtquotienten sind in Bild 19 dargestellt. Der obere Bildteil zeigt die Lage der drei betrachteten Bezugspunkte. Im unteren Teil sind die Tageslichtquotienten für die drei Bezugspunkte über der Fenstergröße aufgetragen. Dem Bild ist zu entnehmen, daß bis zu einer Entfernung von 3 m von der Fensterwand gute Tageslichtverhältnisse mit mittleren Fenstergrößen zu erzielen sind.

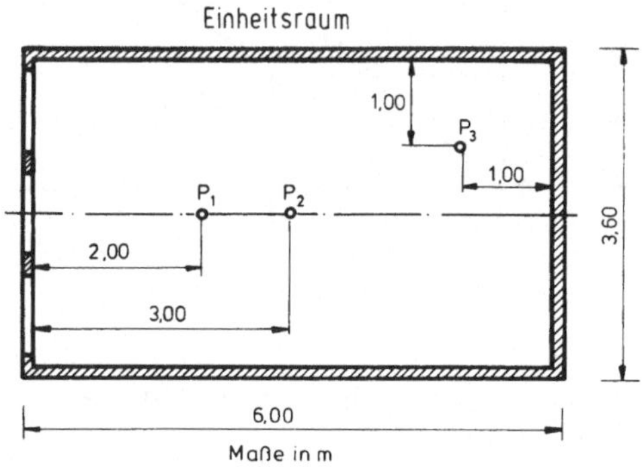

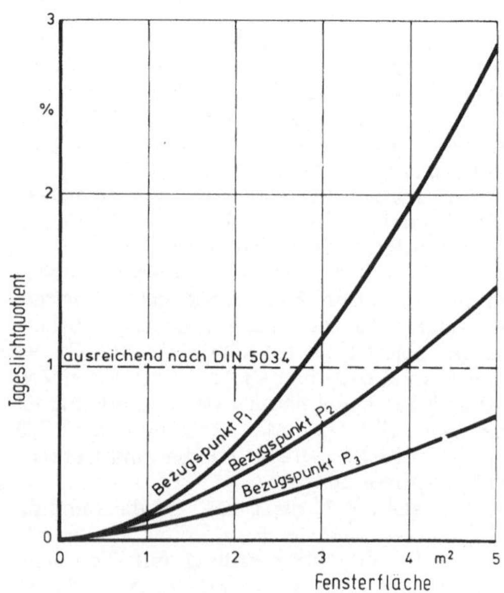

Bild 19:   Tageslichtquotient in Abhängigkeit von der Fensterfläche

Mit den nach den gesetzlichen Bestimmungen des Landes Nordrhein-Westfalen geforderten Mindestfenstergrößen von 1/8 der Raumgrundfläche (für den Einheitsraum sind dies 2,6 m²) herrschen befriedigende Tageslichtverhältnisse bis 2 m Entfernung von der Fensterwand.

Der nach DIN 5034 festgelegte Bezugspunkt P_3 könnte erst durch Fenster von rd. 6 m² ausreichend mit Tageslicht beleuchtet werden. Da Fensterflächen unterhalb der Bezugs-

punktebene fast keine Verbesserung der Tageslichtausbeute eines Raumes darstellen, müßte praktisch die ganze Wandfläche oberhalb 0,85 m vom Fußboden aus Fenstern bestehen.

Die Forderung der DIN 5034, einen Arbeitsraum dann als ausreichend mit Tageslicht beleuchtet zu betrachten, wenn der Bezugspunkt P_3 einen Tageslichtquotienten von mindestens 1 % aufweist, trägt jedoch den normalen Raumnutzungsgewohnheiten nicht Rechnung. Deshalb

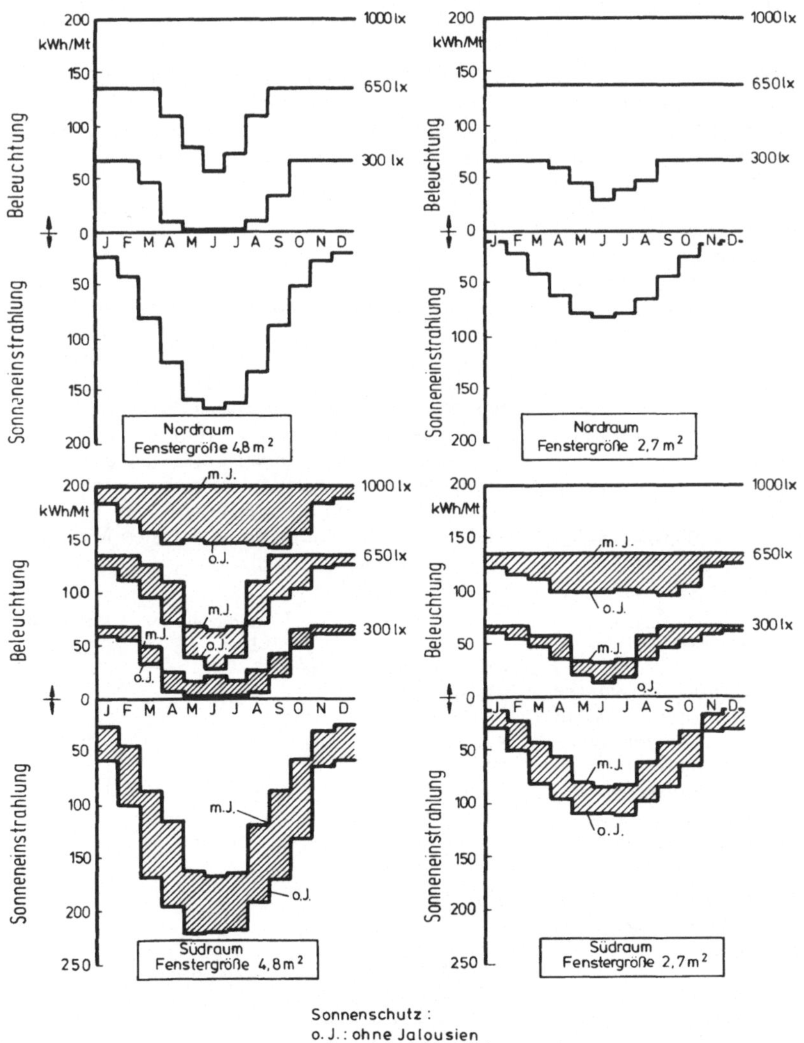

Bild 20:   Jahresgang der Sonneneinstrahlung in einen Nord- und Südraum sowie des Beleuchtungsstromverbrauchs in Abhängigkeit von der gewünschten Beleuchtungsstärke

empfiehlt es sich, generell bei der Auslegung der Fenstergrößen gemäß dem Tageslichtbedarf des Raumes auch die jeweilige Raumnutzung in Betracht zu ziehen.

Ein weiteres Kriterium für die Wahl der Fenstergröße ist der Stromverbrauch für die Beleuchtung. Da der Beleuchtungsstromverbrauch auch von den Sonnenschutzmaßnahmen abhängt, ist zur Bewertung auch die Sonneneinstrahlung durch das Fenster in den Raum mit einzubeziehen.

Es werden drei Stufen für die installierte Beleuchtungsstärke gewählt:

- — 300 lx   (15 W/m^2)
- — 650 lx   (30 W/m^2)
- — 1000 lx   (45 W/m^2)

Der Jahresgang des Beleuchtungsstromverbrauchs sowie der Sonneneinstrahlung in den Raum wird mit Hilfe der in Kap. 7.2.1.4 und 7.2.2.6 hergeleiteten Zusammenhänge ermittelt.

Dabei wird vorausgesetzt:
- — Bürozeit zwischen 8 und 18 Uhr;
- — künstliche Beleuchtung ist eingeschaltet, wenn die Beleuchtungsstärke durch Tageslicht an Bezugspunkt P_1 unter 80 % der gewünschten Nennbeleuchtungsstärke liegt;
- — Beleuchtung wird nur in einer Stufe eingeschaltet.

Die Ergebnisse sind für einen Nordraum und einen Südraum in **Bild 20** dargestellt, wobei nach zwei Fenstergrößen (2,7 m^2 und 4,8 m^2) unterschieden wird.

Desweiteren werden bei dem Südraum noch die Sonnenschutzmaßnahmen verändert:
- — ohne Jalousien,
- — mit Außenjalousien.

Aus Bild 20 sind folgende Zusammenhänge zu erkennen:

a) Bei einer gewünschten Beleuchtungsstärke von 1000 lx ist die Beleuchtungsanlage im ganzen Jahr während der Bürozeit angeschaltet. Im Südraum ohne Jalousien könnte zwar bei mittlerer Fenstergröße die Beleuchtung an wolkenlosen Tagen zeitweise ausgeschaltet werden. Jedoch ist dann zu dieser Zeit die direkte Sonneneinstrahlung so hoch, daß sowohl Blendungserscheinungen auftreten wie auch ein zu großer Wärmeeintrag im Sommer auftritt (siehe Kap. 8.1).

b) Die Verhältnisse hinsichtlich Stromverbrauch und Sonneneinstrahlung sind im Südraum mit Außenjalousien etwa gleich wie im entsprechenden Nordraum.

c) Ein Südraum mit kleinen Fenstern ohne Jalousien weist einen etwa gleich hohen Stromverbrauch aus wie ein Südraum mit mittleren Fenstern bei Sonnenschutz durch Außenjalousien (jeweils für gleiche Beleuchtungsstärke).

d) Abhängig von der Fenstergröße sind die Beleuchtungsstunden für folgende Beleuchtungsstärken nahezu gleich:

kleines Fenster: mittleres Fenster:
$\qquad$ 300 lx $\quad \triangleq \quad$ 650 lx
$\qquad$ 650 lx $\quad \triangleq \quad$ 1000 lx

Aus der Gegenüberstellung in Bild 20 kann außerdem abgeleitet werden, daß die Fenstergröße bei hohen Werten der installierten Beleuchtungsstärke wenig Einfluß auf den Beleuchtungsstromverbrauch haben. Die Unterschiede in der Sonneneinstrahlung kompensieren die höheren Wärmedurchgangszahlen gegenüber dem Mauerwerk (siehe Kap. 6.2.1).

Wird dagegen ein relativ niedriges Beleuchtungsniveau verlangt, erscheint es sinnvoll, die Fenster relativ groß zu wählen.

6.3 Energiebilanzen von Wohngebäuden

Nach der Einzelbetrachtung von Fenstern und Außenwänden soll nun das Gebäude als Gesamtheit gesehen werden. Hierzu ist die Jahreswärmebilanz bezüglich Heizung in **Bild 21** für ein freistehendes Einfamilienhaus und für ein Mehrfamilienhaus dargestellt. Um einen Vergleich zu ermöglichen, sind alle Werte auf 1 m^2 beheizte Wohnfläche bezogen. Die wichtigsten Merkmale der beiden Haustypen sind:

	Einfamilien- haus	Mehrfamilien haus
Anzahl der Wohneinheiten	1	40
Wohnfläche je Wohn- einheit m^2	114	87
Fläche der Außenfassade m^2	128	2724
Fensteranteil an der Außenfassade	0,19	0,25
Außenwandfläche je m^2 Wohnfläche	0,885	0,588
Dachfläche je m^2 Wohnfläche	1,16	0,33

Außer nach dem Haustyp wird noch unterschieden nach Wärmeschutzmaßnahmen:

a) Mindestwärmeschutz entsprechend DIN 4108 vom August 1969; die Ergänzungen zu DIN 4108 vom Oktober 1974 sind dabei noch nicht berücksichtigt.

b) Erhöhter Wärmeschutz entsprechend den Empfehlungen des Beiblattes der DIN 4108 vom Sept. 1974 bzw. Nov. 1975.

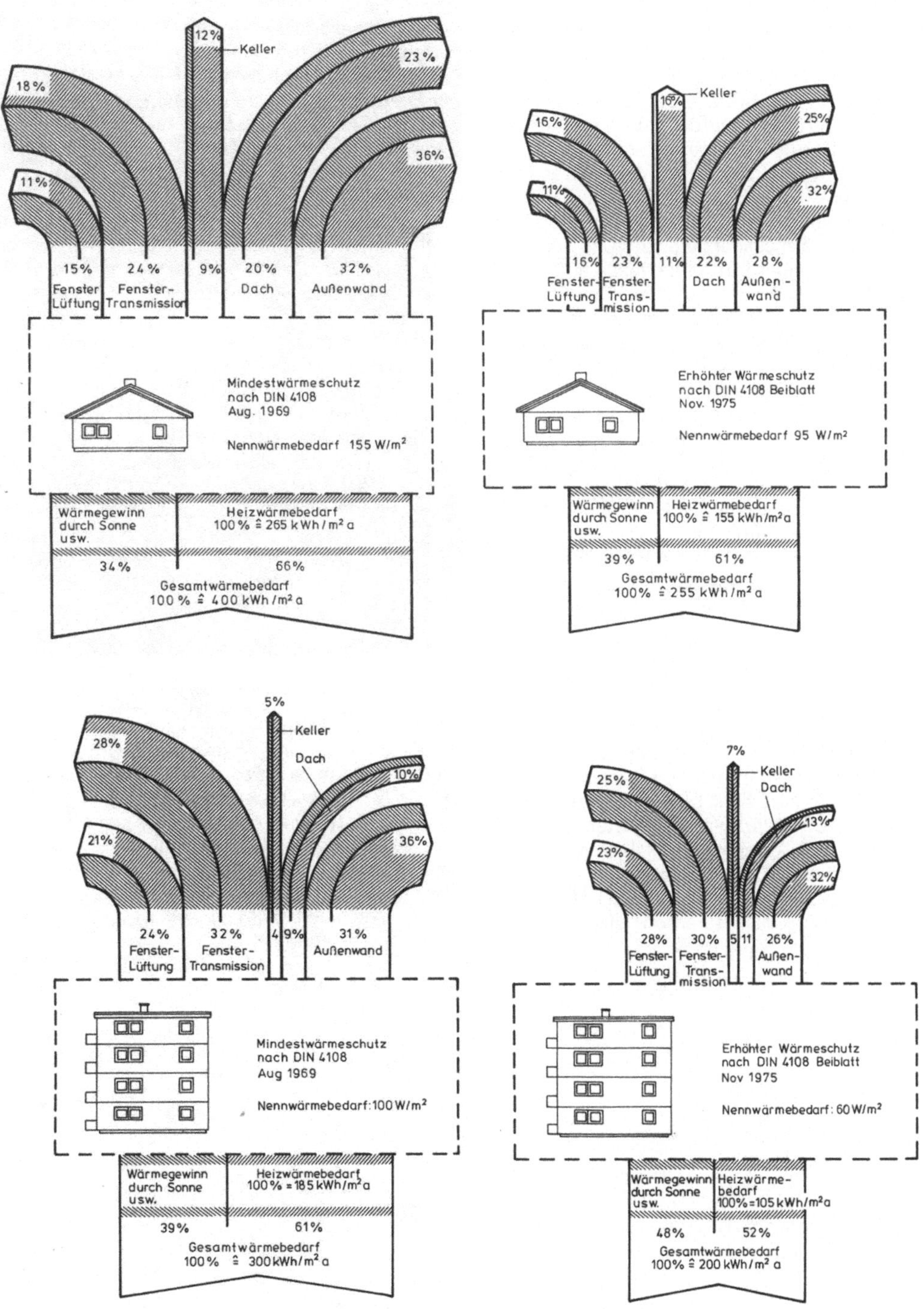

Bild 21: Jahreswärmebilanz eines freistehenden Einfamilienhauses und eines Mehrfamilienhauses (ohne Umwandlungsverluste)

Der entsprechend den Anforderungen nach b) berechnete Wärmebedarf stimmt weitgehend mit den Werten überein, die im Rd Erl des Innenministers des Landes Nordrhein-Westfalen vom 4. 2. 1975, VI A 1–4.02–100/75, für Neubauwohnungen gefordert werden, die im Rahmen der Wohnbauförderung gebaut werden.

Die sonstige Bauweise, wie Größe der Fenster, der Außenwände, des Daches usw. sind jeweils gleich belassen. In beiden Fällen reduziert sich der Nennwärmebedarf um rd. 40 %, nämlich von 155 W/m² beim Einfamilienhaus auf 95 W/m² und von 100 W/m² beim Mehrfamilienhaus auf 60 W/m². Unter Nennwärmebedarf ist hier der gleichzeitige Maximalwert des Gebäudes und nicht die Summe der Einzelmaxima für die einzelnen Räume zu verstehen.

Die Zahlen machen deutlich, daß ein gut wärmegedämmtes Einfamilienhaus energetisch kaum günstiger ist als ein Mehrfamilienhaus mit Mindestwärmeschutz. Dies liegt an der wesentlich größeren Oberfläche des Einfamilienhauses, bezogen auf die Wohnfläche.

In Bild 21 wird der jährliche Gesamtwärmebedarf aufgeteilt auf die beiden Bilanzposten Heizwärmebedarf, der von der Heizungsanlage geliefert werden muß, und Wärmegewinn, der sich aus Sonneneinstrahlung, aus Wärmeabgabe der im Gebäude befindlichen Personen sowie aus der Wärmeentwicklung durch Beleuchtung, Kochen, Kühlen usw. zusammensetzt.

Dieser Wärmegewinn reduziert den Gesamtwärmebedarf um ein Drittel bis zur Hälfte. Der absolute Gewinn ist zwar beim Einfamilienhaus mit 100 bis 135 kWh/m²a am größten, dagegen sind die relativen Anteile beim Mehrfamilienhaus erheblich höher. Obwohl durch den erhöhten Wärmeschutz der Wärmegewinn zwischen 20 und 35 kWh/m²a zurückgeht, erhöht sich sein Anteil am Gesamtwärmebedarf, wodurch der Anteil des von der Heizungsanlage zu deckenden Heizwärmebedarfs zurückgeht.

Weitere Einblicke über den Einfluß der Bauweise gibt die Aufschlüsselung des Jahreswärmebedarfs auf die einzelnen Verlustquellen wie Außenwand, Dach, Keller bzw. Erdreich und Fenster, zusätzlich unterteilt nach Transmission und Lüftung.

Es ist deutlich zu erkennen, daß die Fenster beim Einfamilienhaus mit einem Anteil von 39 % am Bruttowärmebedarf zwar eine große, jedoch geringere Rolle spielen als beim Mehrfamilienhaus, bei dem ihr Anteil zwischen 56 und 58 % liegt.

Die Fenster sind am Wärmegewinn überproportional beteiligt. Zwar sind auch die Außenwände und das Dach eine Art Sonnenkollektoren, aber deren Effektivität ist viel geringer als die der Fenster (siehe Kap. 6.2.1).

In der Übergangszeit ist der Wärmegewinn durch die Fenster zum Teil größer als der Wärmebedarf, so daß der Wärmeüberschuß durch Erhöhung des Luftwechsels aus dem Gebäude transportiert werden muß. Der Wärmebedarf für Lüftung reduziert sich daher nicht im selben Maße wie die Fugendichtigkeit verbessert wird.

Insgesamt betrachtet verringert sich durch den Wärmegewinn der Anteil der Fenster am Heizwärmebedarf um rd. 10 % gegenüber ihrem Anteil am Gesamtwärmebedarf. Die anderen Außenbauteile vergrößern dementsprechend ihren Anteil um ca. 10 %.

Hierdurch wird nochmals deutlich, daß eine allein an der Wärmedurchgangszahl orientierte wärmetechnische Beurteilung der Fenster zu Fehlschlüssen führt; denn für den Jahresheizwärmebedarf, den die Heizungsanlage decken muß, sind auch Wärmegewinne durch das Fenster entscheidend.

7. Mathematische Behandlung der Einfluß- und Bestimmungsgrößen auf den Leistungs- und Energiebedarf bei dynamischen Vorgängen

Werden Fragen der Optimierung des Energiebedarfs bei Heizungsanlagen für den Zeitbereich des Winters behandelt, während der die Raumtemperaturen durch Beheizen in der Regel auf einem geforderten Niveau gehalten werden können, kann man sich i.a. auf Berechnungsmethoden für stationäre oder quasistationäre Vorgänge abstützen. Beispiele hierfür sind in Kap. 6 gegeben. Die Grenzen dieser Methoden sind erreicht, wenn nicht mehr geheizt werden muß, was bereits in der Übergangszeit bei hoher Sonneneinstrahlung, bei starker Wärmeisolierung der Außenbauteile u.ä. auftreten kann.

Auch sind für den Zeitraum des Winters Einschränkungen zu machen, wenn man z.B. den Zeitgang der Raumtemperatur oder der Heizlast über einen Tag bestimmen will. Weiterhin können Fragen bezüglich der Auswirkung von einer „Nachtabsenkung" nicht behandelt werden.

Mit Abweichungen wird man zudem rechnen müssen, wenn in erheblichem Umfang Wärmequellen im Raum, z.B. durch Maschinen, Beleuchtung, Personenbelegung u.ä., vorhanden sind.

Keine Aussage erhält man mit diesen Berechnungsmethoden, wenn die Auswirkungen der zeitlichen Veränderungen von außen- und raumklimatischen Einflüssen oder der Regelung von Heizungs- und Klimaanlagen ermittelt oder auch die Raumklimaverhältnisse im Sommer berechnet werden sollen.

Hierfür muß die Wärmespeicherfähigkeit der Gebäudebauteile mit in die Betrachtung einbezogen werden.

Es ist eine Vielzahl wissenschaftlicher Arbeiten veröffentlicht, die sich mit dem instationären Temperaturverhalten einzelner Bauteile befassen. Sie sind in /39/ systematisch gesichtet und geordnet. Jedoch kommen Gertis und Hauser zu dem Schluß, daß bisher nur wenige Arbeiten vorliegen, die quantifizierbare Ansätze für die Ermittlung des Temperaturverhaltens von Räumen und ganzen Gebäuden enthalten.

Der Einbezug des gesamten Gebäudes unter Berücksichtigung aller relevanten Einflußgrößen, wie z.B. Bauweise, Außenklima, Raumklima, Raumnutzung sowie Art und Regelung der Heizungs- und Klimaanlagen, ist jedoch notwendig, um weitergehende Aussagen über eine optimale Energiebedarfsdeckung bei der Raumkonditionierung machen zu können.

Unter Verwendung eines vom Verfasser entwickelten Rechenverfahrens /40/ für das thermische Verhalten von Wänden werden EDV-Programme erstellt, mit denen die Heiz- und Kühllast von Räumen, der Wärme- und Kältebedarf eines Gebäudes sowie der Temperaturgang der Raumluft unter Berücksichtigung der wesentlichen Einflüsse berechnet werden kann.

Es werden hiermit nicht nur die Höchstwerte, sondern auch der zeitliche Verlauf über den Tag, die jahreszeitlichen Veränderungen und der Jahresenergiebedarf bestimmt /41, 42/.

Die Betrachtung des Zeitganges hat besondere Bedeutung u.a. für die Beantwortung folgender Problemkreise:
— Raumklima im Hochsommer
— Einfluß der Bauweise und der Fassadengestaltung
— Gleichzeitigkeit beim Leistungsbedarf für Wärme und Kälte
— Energierückgewinnung
— Energiekreisläufe im Gebäude
— Auslegung und Einsatzmöglichkeiten von Wärme- und Kältespeicher zur Spitzenlastsenkung
— Reduzierung der Anschlußleistungen durch Veränderung der Betriebszeiten und der Regelung des Raumklimas
— Optimierung des Energieträgereinsatzes bei ein- oder mehrschieniger Versorgung, z.B. hinsichtlich Erhöhung der Benutzungsdauer.

7.1 EDV-Programm zur Berechnung des Raumtemperaturganges sowie des Leistungsganges und des Energiebedarfs

Die Berechnung des Leistungs- und Energiebedarfs bei der Raumkonditionierung ist in zwei Stufen durchzuführen:

a) Bestimmung der Heiz- und Kühllast von Räumen.

Hierunter ist in Anlehnung an VDI 2087 /7/ die thermische Leistung zu verstehen, die zu einem bestimmten Zeitpunkt einem Raum zugeführt bzw. aus einem Raum abgeführt werden muß, um eine vorgegebene Lufttemperatur im Raum einhalten zu können.

Die Heiz- und Kühllast von Räumen umfaßt den Anteil der für einen Raum benötigten Heiz- bzw. Kühlleistung, der durch Außenklima, Raumklima, Baukörper, innere Wärmequellen und Nutzungsforderungen bedingt ist unter weitgehender Ausschaltung systemspezifischer Einflüsse.

So ist nicht der Wärme- und Kältebedarf für die zu klimatisierende Luft enthalten. Auch ist der durch die zu klimatisierende Zuluft bedingte Wärme- oder Kälteeintrag in den Raum noch nicht eingeschlossen.

Dagegen ist der Luftwechsel durch die Fensterfugen oder durch geöffnete Fenster bereits berücksichtigt.

Ist die Heiz- bzw. Kühllast des Raumes entweder durch eine Vorgabe oder aber durch ein Kriterium innerhalb des Berechnungsganges begrenzt, wird die Lufttemperatur im Raum berechnet.

b) Bestimmung des Heiz- und Kühlbedarfs sowie des Wärme- und Kältebedarfs eines Gebäudes.

Ausgehend von der Heiz- und Kühllast der Räume nach a) wird bei Anlagen ohne Klimatisierung, i.a. Heizungsanlagen, der Heiz- und Kühlbedarf des Gebäudes durch zeitgleiches Summieren der Werte für die einzelnen Räume unter Berücksichtigung der Häufigkeit ihres Vorkommens bestimmt.

Bei Klimaanlagen sind abhängig vom Klimaanlagensystem die Aufbereitung der Zuluft, nämlich Heizen und Befeuchten bzw. Kühlen und Entfeuchten, die erforderlichen Zuluftmengen und der Wärme- bzw. Kälteeintrag in die einzelnen Räume durch die Zuluft zu berechnen. Unter Einschluß der Heiz- und Kühllast der Räume kann damit der Wärme- und Kältebedarf für die einzelnen Räume und daraus abgeleitete Wärme- und Kältebedarf für das gesamte Gebäude

ermittelt werden.

Aus dem Zeitgang der Heiz- und Kühllast sowie des Wärme- und Kältebedarfs werden zum einen die Extremwerte für die Dimensionierung der Anlagen ausgewählt und zum anderen der Energiebedarf in einem durchschnittlichen Jahr bestimmt.

7.1.1 Heiz- und Kühllast von Räumen

Die Berechnung erfolgt jeweils für einen Raumtyp oder auch einen Raummodul. Für jeden Raumtyp können mehrere Variationen vorgesehen werden, die sich unterscheiden können hinsichtlich:

— Sonnenschutzmaßnahmen

— Himmelsrichtung, Neigung der Außenfläche, Oberflächenbeschaffenheit und Beschattung der Außenwände und Fenster.

Dabei müssen jeweils gleich sein:

— Aufbau und Flächen der Wände einschl. Fußboden und Decke

— Fensterart und -größe

— Luftaustausch durch die Fenster

— Raumausstattung

— Betriebsweise der Beleuchtungs- und Heizungsbzw. Klimaanlage.

Da auch ein einfach gegliedertes Gebäude aus mehreren Raumtypen, wie z.B. Mittelräumen, Eckräumen und Dachräumen besteht, ist die Berechnung entsprechend oft durchzuführen.

Zuerst werden die Kennwerte für das thermische Verhalten der Wände und des Raumes, nämlich für Wärmespeicherung, Wärmeleitung, Konvektion und Strahlung, errechnet.

Daran anschließend muß die weitere Berechnung der Heiz- und Kühllast erfolgen.

Führungsgröße ist hierbei die vorgegebene Raumtemperatur, wobei über die Eingabe auch eine Regeltoleranz zugelassen werden kann.

Übersteigt die berechnete Heiz- oder Kühllast einen vorgegebenen oder aus der Dimensionierung errechneten Höchstwert, wird aus der begrenzten Heiz- bzw. Kühllast die Raumtemperatur errechnet.

Bei der Bestimmung der maximalen Heiz- und Kühllast (Dimensionierung „Winter" und „Sommer") ist es nicht immer sinnvoll, die höchste vorkommende Leistungsspitze zur Dimensionierung heranzuziehen, insbesondere wenn sie nicht in die Verkehrszeit (Bürozeit) fällt. Um diese Leistungsspitzen abzubauen bzw. zu vermeiden, können für extreme außenklimatische Verhältnisse die Betriebszeiten und -arten der Heizungs- bzw. Klimaanlage gegenüber dem Normaljahr geändert werden.

7.1.2 Heiz- und Kühlbedarf sowie Wärme- und Kältebedarf von Gebäuden

Aus den Stundenwerten der Heiz- und Kühllast von Räumen sowie der Raum- und Außenlufttemperaturen läßt sich der Bedarf für das gesamte Gebäude ermitteln. Hierzu werden die zeitgleichen Ergebnisse von jedem einzelnen Raumtyp eines Gebäudes — entsprechend der jeweiligen Anzahl von Räumen bzw. Raummodulen in jeder Zone — hochgerechnet und für das gesamte Gebäude zusammengefaßt. Diese Werte geben den stündlichen Heiz- und Kühlbedarf des Gebäudes an, aus dem die Tages-, Monats- und Jahreswerte eines Gebäudes ohne Klimatisierung bestimmt werden.

Darüber hinaus ist bei Gebäuden mit Klimaanlagen der Wärme- und Kältebedarf zur Klimatisierung zu berücksichtigen, wobei hier hinsichtlich der Befeuchtung der Zuluft mittels Wasser oder Dampf unterschieden wird.

Ausgehend vom Heiz- und Kühlbedarf der einzelnen Raumtypen werden abhängig vom gewählten Klimaanlagensystem die Zuluftmengen, der Klimatisierungsbedarf für die Zuluft und der Wärme- und Kältebedarf für das Gebäude ermittelt. Dabei sind verschiedene Möglichkeiten zur Energierückgewinnung im Programm vorgesehen. Aus den Stundenwerten wird anschließend der Tages-, Monats- und Jahresbedarf ermittelt.

7.2 Einflußgrößen

Die Einflußgrößen auf die Heiz- und Kühllast von Räumen sowie den Wärme- und Kältebedarf eines Gebäudes lassen sich in vier Gruppen zusammenfassen:
— Außenklima
— Raumklima und -nutzung
— Gebäudebauweise und thermisches Verhalten des Gebäudes
— Anlagen zur Raumkonditionierung.

Die einzelnen Parameter müssen in ihrem Zeitgang sowie ihrer gegenseitigen Beeinflussung und Wechselwirkung quantifiziert werden. Dabei sind auch die Eingriffsmöglichkeiten durch den Menschen unter Berücksichtigung seiner Gewohnheiten in die Betrachtung einzubeziehen. Die Ausführung der technischen Anlagen insbesondere im Hinblick auf die Betriebsweise sowie die Regelung und Steuerung ist in ihrer Auswirkung auf die Berechnung zu untersuchen.

7.2.1 Außenklima

Die Heiz- und Kühllast von Räumen und der Wärme- und Kältebedarf für eine Klimatisierung wird wesentlich vom Außenklima geprägt. Zur Beschreibung des Außenklimas ist in diesem Zusammenhang hauptsächlich die Temperatur, die Feuchte und die Windgeschwindigkeit der Außenluft sowie die Sonnenstrahlung einzubeziehen.

Die extremen Wetterlagen im Sommer wie im Winter sind für die Dimensionierung von Anlagen zur Raumkonditionierung bestimmend. Der jährliche Energiebedarf wird demgegenüber aus dem Gang des Außenklimas in einem durchschnittlichen Jahr (Normaljahr) ermittelt. Zur Charakterisierung eines Normaljahres ist es wünschenswert, sich auf möglichst wenige typische Tage beschränken zu können. Es hat sich als praktikabel erwiesen, für jeden Monat eines Jahres zwei hinsichtlich des Außenklimas typische Tage auszuwählen, nämlich einen Tag mit Bewölkung (bedeckter Tag) und einen Tag ohne Bewölkung (klarer Tag).

Um ein Kriterium für die Auswahl der beiden Tage zur Auswertung der Klimadaten des Deutschen Wetterdienstes zu erhalten, wird
   der bedeckte Tag für eine Bewölkungsmenge
      zwischen 8/10 und 10/10
   und der klare Tag für eine Bewölkungsmenge
      zwischen 0/10 und 2/10
definiert.

Von diesen beiden Tagen kann man auf einen mittleren Tag im Monat schließen, indem man die Werte für diese beiden Tagen entsprechend dem Verhältnis von der Anzahl der mittleren monatlichen Sonnenscheinstunden zu der Anzahl der möglichen Sonnenscheinstunden wichtet.

7.2.1.1 Temperatur der Außenluft

Aus den Aufzeichnungen des Deutschen Wetterdienstes erhält man keine direkten Angaben über den Temperaturverlauf der Außenluft über jeden Tag. Dagegen sind folgende Werte vorhanden:

Tagesmittelwert[1]	ϑ_{am}
Tagesmaximum	ϑ_{amax}
Tagesminimum	ϑ_{amin}

---

1 Der Wert des Tagesmittels der Außentemperatur wird aus den Temperaturwerten um 7^{00}, 14^{00} und 21^{00} Uhr berechnet, wobei der Wert von 21^{00} Uhr doppelt gewichtet wird.

Aus /43, 44, 45/ lassen sich die Zeitpunkte für das Tagesmaximum t_{amax} und das Tagesminimum t_{amin} ermitteln.

Der Temperaturverlauf läßt sich aus diesen Angaben mit guter Näherung rekonstruieren, wenn man den Temperaturgang zwischen zwei Extremwerten sinusförmig ansetzt (siehe **Bild 22**). Dabei ist zu beachten, daß die Zeitabstände zwischen Minimum und Maximum sowie zwischen Maximum und Minimum nicht gleich lang sind und somit auch die Periodendauern der beiden Sinusfunktionen nicht gleich sind.

Zur Bestimmung des durchschnittlichen täglichen Temperaturverlaufs kann man den Tagesmittelwert als Mittel zwischen den beiden Extremwerten annehmen /7, 43, 45, 46, 47, 48/.

Bild 23 zeigt die gute Übereinstimmung des dadurch gewonnenen Zusammenhanges mit z.B. den Werten nach VDI 2078 /7/, die für den Monat Juli bei Binnenlandklima zur Auslegung von Klimaanlagen heranzuziehen sind.

Für die Dimensionierung von Heizungs- und Klimaanlagen müssen extreme Wetterlagen berücksichtigt werden. Zur Bestimmung der Wärmehöchstlast werden hierzu die Auslegungstemperatur nach DIN 4701 /5/ und zur Bestimmung der Kältehöchstlast die entsprechenden Werte nach VDI 2078 /7/ herangezogen.

Soll die zu erwartende Lufttemperatur in nicht klimatisierten Räumen im Hochsommer berechnet werden, sind nicht nur der Tag mit extrem hohen Außentemperaturen, sondern auch die vorangegangenen Tage zu betrachten. Je nach Bauweise und Wärmespeicherfähigkeit wird sich das Gebäude schnell oder langsam aufheizen, wodurch die zu erwartenden Raumlufttemperaturen sehr unterschiedlich sind.

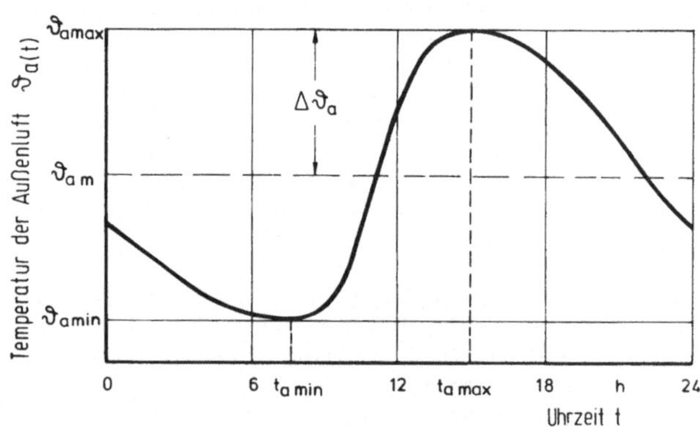

Bild 22:   Rekonstruktion des Temperaturverlaufs der Außenluft

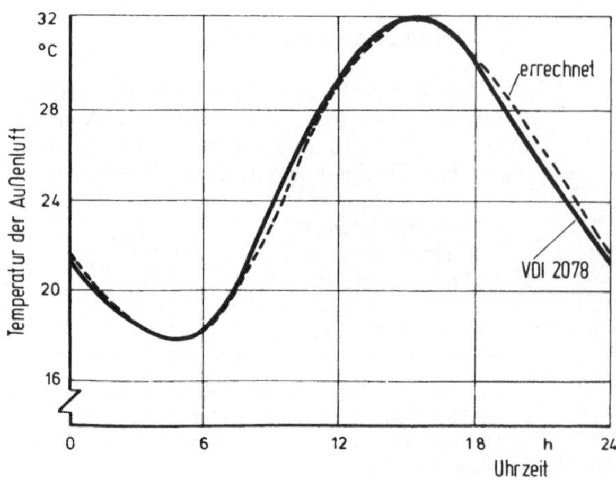

Bild 23:   Vergleich der Tagesgänge der Außenluft

Es werden hierzu zwei typische Klimata definiert:

a) eine mittlere sommerliche Schönwetterperiode,

b) eine extreme sommerliche Schönwetterperiode.

Auswahlkriterium zur Definition einer mittleren sommerlichen Schönwetterperiode sind:

aa) Zeitbereich zwischen Juni und September,

ab) tägliche Sonnenscheindauer von mehr als 75 % der maximalen täglichen Sonnenscheindauer an mindestens 2 aufeinanderfolgenden Tagen,

ac) Maximum der Außenlufttemperatur innerhalb des Zeitbereiches von einem Tag vor und einem Tag nach Auftreten von Fall ab.

Die Schönwetterperiode wird aufgrund von Auswertungen der Temperaturaufzeichnungen des Deutschen Wetterdienstes dadurch festgelegt, daß der Tag mit der höchsten Tagesmaximaltemperatur als 5. Tag der Schönwetterperiode angenommen wird.

Für München-Riem sind im Zeitraum von 1957 bis 1974 innerhalb der Sommermonate derartige mittlere sommerliche Schönwetterperioden durchschnittlich 5,28 mal im Jahr aufgetreten.

Zur Definition einer extremen sommerlichen Schönwetterperiode werden aus den unter aa) bis ac) beschriebenen mittleren Perioden diejenigen ausgewählt, die noch zusätzlich folgende Kriterien erfüllen:

ba) Tagesmitteltemperatur von mehr als 20 °C an mindestens drei aufeinanderfolgenden Tagen

bb) Tagesmaximaltemperatur von mehr als 30 °C an mehr als einem dieser Tage.

Im betrachteten Zeitraum von 1957 bis 1974 trat für München-Riem eine so definierte extreme sommerliche Schönwetterperiode durchschnittlich 1,05mal im Jahr auf, wobei Tagesmitteltemperaturen von mehr als 20 °C an vier aufeinanderfolgenden Tagen und Tagesmaximaltemperaturen von mehr als 30 °C an zwei aufeinanderfolgenden Tagen auftreten.

Durchschnittlich ist dabei der Tag mit der höchsten Maximaltemperatur am 23. Juli zu erwarten.

7.2.1.2 Feuchte der Außenluft

Der in der Luft enthaltene Wasserdampf spielt in der Heizungstechnik nur eine untergeordnete Rolle. In der Klimatechnik ist er dagegen von erheblicher Bedeutung, da die den Räumen zugeführte Außenluft je nach gewünschtem Luftzustand befeuchtet oder entfeuchtet werden muß.

Die absolute Feuchte der Außenluft unterliegt wie deren Temperatur jahreszeitlichen Schwankungen. Dagegen sind die Schwankungen innerhalb eines Tages so gering, daß man die absolute Feuchte während eines Tages als konstant ansehen kann /49/. Hierfür ist jedoch eine Einschränkung zu machen. Sinkt die Außentemperatur soweit, daß die Sättigung der Außenluft mit Wasserdampf erreicht wird, fällt Wasser aus und die absolute Feuchte sinkt. Wie aus den Klimaaufzeichnungen des Deutschen Wetterdienstes zu entnehmen ist, reduziert sich der Wassergehalt bereits, wenn eine relative Feuchte von 90 % erreicht wird. Daher wird in diesem Fall anstelle des mittleren Dampfteildrucks eine konstante relative Feuchte von 90 % vorgegeben. Dies tritt im wesentlichen im Winter in den frühen Morgenstunden auf.

7.2.1.3 Windgeschwindigkeit

Die Windgeschwindigkeit der Außenluft hat Einfluß auf den Wärmeübergang zwischen Außenwänden, Außenfenstern usw. und der Außenluft sowie auf die durch Fenster, Fensterfugen usw. in den Raum eindringenden Außenluftmengen.

Der Einfluß auf den Wärmeübergang läßt sich durch geeignete Wahl der Wärmeübergangszahl α_a berücksichtigen. Hierfür sind in DIN 4701 /5/ entsprechende Werte empfohlen (meist

$$\alpha_a \approx 23 \ \frac{W}{m^2 \cdot K}).$$

Auch für die Bestimmung der durch Fensterfugen eindringenden Luftmengen sind in DIN 4701 Berechnungsmethoden angegeben. Sie gehen dabei von der Fugenlänge l, der Fugendurchlässigkeit a, der Hauskenngröße H und der Raumkenngröße R aus, für die tabellarisch einzusetzende Werte zusammengestellt sind. Daraus läßt sich die stündliche Außenluftmenge V bestimmen zu:

$$V = \frac{\Sigma \ (a \cdot l) \cdot R \cdot H}{c \cdot \rho} \qquad (26)$$

wobei c die spezifische Wärme und ρ die Dichte der Außenluft bedeuten.

Bei starkem Windanfall kann sich V erheblich vergrößern. Wie Dietze /50/ angibt, lassen sich jedoch bisher noch keine allgemein gültigen Aussagen darüber machen, da durch Windeinfluß über die Fugenerstreckung unterschiedliche Druckdifferenzen auftreten, die von der Einbautiefe der Fenster, der Windgeschwindigkeit und Anströmrichtung sowie der Lage der Schließfugen abhängen.

Nach /51/ beträgt der sich im Mittel einstellende stündliche Luftwechsel zwischen 0,5 und 1,0. Auch soll bei der Neubearbeitung der DIN 4701 ein 0,5facher Mindestluftwechsel vorgeschrieben werden. Weiterhin ist zu berücksichtigen, daß durch Fensteröffnen die physiologisch erforderlichen Mindestfrischluftmengen in den Raum gelangen.

Deshalb wird für das EDV-Programm die Eingabe von drei unterschiedlichen stündlichen Außenluftmengen durch Fenster und Fensterfugen vorgesehen:

a)   während der Verkehrszeit der Personen im Raum (z.B. Bürozeit)

b)   während der sonstigen Zeit, in der die geforderten Raumluftzustände eingehalten werden sollen, z.B. morgens vor und abends nach der Bürozeit, solange die Klimaanlage in Betrieb ist

c)   außerhalb der Zeiten von a) und b), während der die geforderten Raumluftzustände nicht eingehalten werden (z.B. nachts und am Wochenende außerhalb der Betriebszeit der Klimaanlage).

Ist für ein Gebäude nur eine Heizungsanlage vorgesehen, ist während des Zeitbereiches a) die für die Personen erforderliche Außenluftmenge und während der Zeitbereiche b) und c) die sich durch die Fugendurchlässigkeit ergebenden Außenluftmengen einzusetzen.

Bei Klimaanlagen herrscht normalerweise während der Hauptbetriebszeit (Zeiten a und b) ein geringer Überdruck im Raum gegenüber der Außenatmosphäre, so daß hierbei keine Außenluft durch Fensterfugen in den Raum gelangt. Während des Zeitbereichs c) ist wiederum die Fugendurchlässigkeit maßgebend.

Bei nichtklimatisierten Räumen ist zusätzlich zu den Luftmengen nach Fall a) bis c) ein weiterer Luftaustausch durch die Fenster im EDV-Programm vorgesehen. Vornehmlich während der Verkehrszeit im Sommer können diese zusätzlichen Luftmengen zur Kühlung des Raumes während der Bürozeit beitragen, wenn die Raumlufttemperatur einen vorzugebenden Schwellwert oberhalb des Sollwertes überschreitet und gleichzeitig die Außenlufttemperatur niedriger ist als die Raumlufttemperatur.

7.2.1.4 Sonnenstrahlung

Die Sonnenstrahlung auf die Erde, die als Globalstrahlung bezeichnet wird, kann auf zwei Komponenten aufgeteilt werden, nämlich die direkte Sonnenstrahlung und die Himmelsstrahlung, die auch als diffuse Strahlung bezeichnet wird.

Auf dem Weg durch die Atmosphäre wird die extraterrestrische Sonnenstrahlung (Solarkonstante $1{,}39 \pm 0{,}04$ kW/m^2) geschwächt durch:
— Streuung an den Molekülen der Atmosphäre
— Absorption am Wasserdampf, Ozon und Sauerstoff der Atmosphäre
— Streuung und Absorption am und im Aerosol.

Die hierdurch reduzierte Sonnenstrahlung wird als direkte Sonnenstrahlung bezeichnet /52, 53/. Der Einfluß der Bewölkung kann außer acht gelassen werden, da nach Konvention nur der Teil der Sonnenstrahlung als direkte Strahlung bezeichnet wird, der ohne Wechselwirkung mit den Wolken den Erdboden erreicht /52/.

Ein Teil der in der Erdatmosphäre gestreuten Sonnenstrahlung erreicht ebenfalls die Erdoberfläche. Diesen Teil bezeichnet man mit Himmelsstrahlung. Sie fällt diffus aus allen Richtungen des Himmelsgewölbes /52/. Ist der Himmel vollständig bewölkt, ist nur noch diffuse Sonnenstrahlung vorhanden, die sich betragsmäßig von den Werten bei wolkenlosem Himmel unterscheidet.

Zur Bestimmung der direkten und diffusen Sonnenstrahlung stehen mehrere Berechnungsmodelle zur Verfügung, die versuchen, die physikalischen Vorgänge in der Atmosphäre zu beschreiben /52/.

Diese Modelle erscheinen jedoch zur Bestimmung der Sonnenstrahlung für die Berechnung der Heiz- und Kühllast sowie des Wärme- und Kältebedarfs von Gebäuden nicht geeignet. Sie sind für die vorgesehene Aufgabe zu aufwendig und umfangreich. Die Fülle der erforderlichen Eingangsdaten schränken die Praktikabilität zu stark ein.

Daher werden aus den in VDI 2078 /7/ tabellarisch zusammengestellten Werten der Gesamtstrahlung durch einfach verglaste Flächen Näherungsformeln für die direkte und diffuse Sonnenstrahlung hergeleitet. Die in VDI 2078 angegebenen Werte gelten für den 50. Breitengrad bei Großstadtatmosphäre und differenzieren nach folgenden Größen:
— Uhrzeit während des Tages
— 8 Himmelsrichtungen für senkrechte Flächen und für eine horizontale Fläche
— 9 Tage zwischen Februar und Oktober
— Trübungsfaktor T nach F. Linke[1].

Unter Berücksichtigung der Einstrahlrichtung auf die Fenster und der Durchlässigkeit von einfach verglasten Flächen für direkte Strahlung lassen sich die angegebenen Strahlungswerte auf die direkte und diffuse Sonnenstrahlung, bezogen auf eine Normalfläche (Fläche senkrecht zur Sonneneinstrahlung), umrechnen.

Hieraus können Näherungsgleichungen für die Sonnenstrahlung mit Hilfe der Regressionsanalyse als Funktion der Sonnenhöhe[2] δ in Winkelmaß und des Trübungsfaktors T nach F. Linke hergeleitet werden.

Die Ergebnisse der Näherungsformeln sind in **Bild 24** für die direkte Sonnenstrahlung und in **Bild 25** für die diffuse Sonneneinstrahlung bei wolkenlosem Himmel den Werten nach VDI 2067 gegenübergestellt. Die erzielte Genauigkeit ist für den vorgesehenen Verwendungszweck ausreichend. Vergleiche zwischen weiteren ta-

---

1   Der Trübungsfaktor nach F. Linke ist ein Maß für die Absorption der Sonnenstrahlung am Wasserdampf, Ozon und Sauerstoff der Atmosphäre sowie der Streuung und Absorption am und im Aerosol.

2   Die Sonnenhöhe δ ist der Winkel zwischen Sonne und Horizont, in der Vertikalen gemessen.

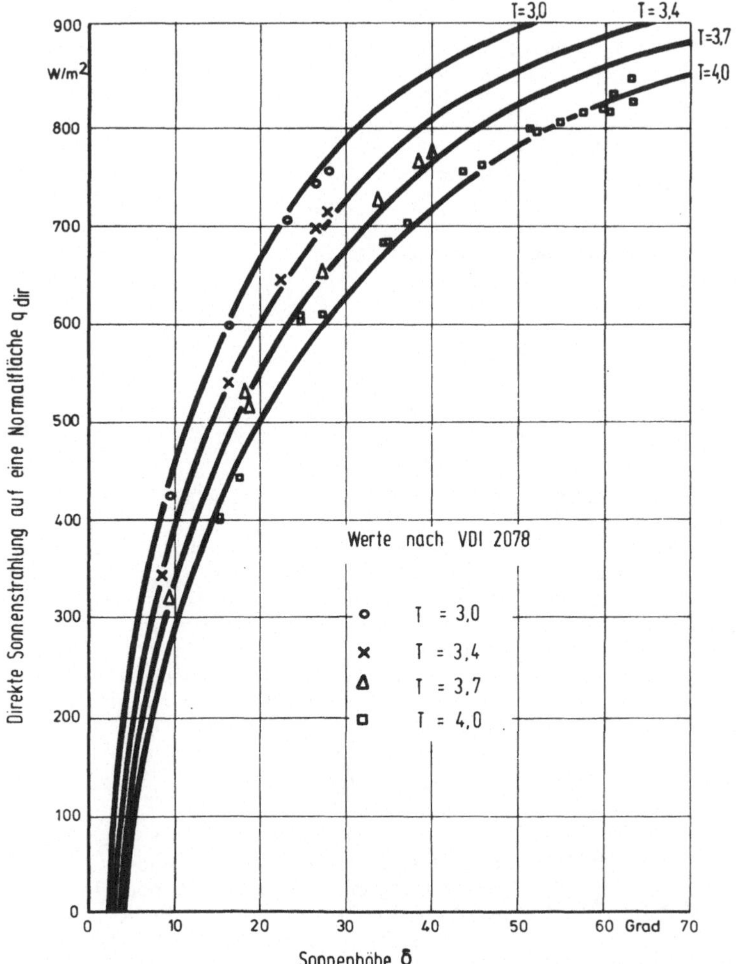

Bild 24:   Direkte Sonnenstrahlung auf eine Normalfläche als Funktion der Sonnenhöhe und des Trübungsfaktors T für Großstadtatmosphäre

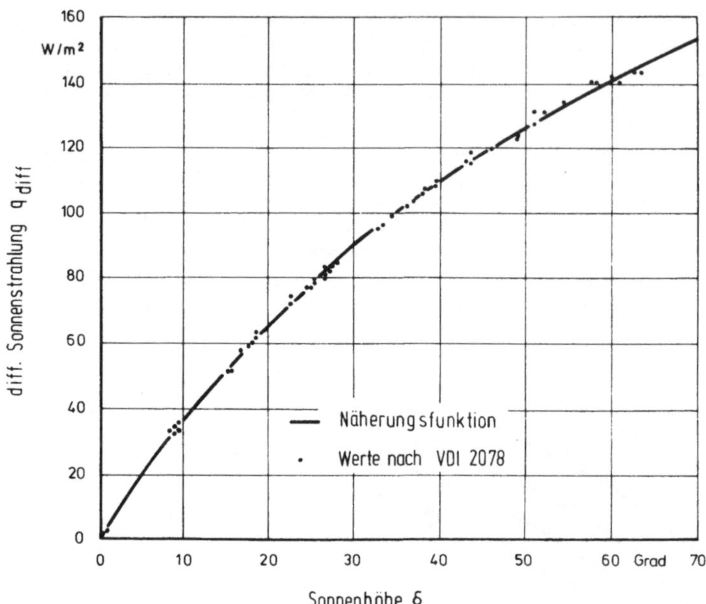

**Bild 25: Diffuse Sonnenstrahlung bei wolkenlosem Himmel als
Funktion der Sonnenhöhe**

bellarischen Angaben über die Sonneneinstrahlung /52, 54, 55, 56, 57/ zeigen größere Unterschiede untereinander in den Angaben.

Der Trübungsfaktor T (nach F. Linke) ändert sich mit der Jahreszeit, da vor allem der Wasserdampfgehalt der Luft, aber auch die Aerosole jahreszeitlichen Schwankungen unterworfen sind. T liegt im Sommer höher als im Winter.

Monatliche Durchschnittswerte des Trübungsfaktors sind für Großstadtatmosphäre in /7, 52/ angegeben.

Für von der Großstadtatmosphäre abweichende Verunreinigungen sieht VDI 2078 einen Korrekturfaktor für die direkte Sonnenstrahlung vor. Bei reiner Atmosphäre ist ein Zuschlag von 15 % und bei Industrieatmosphäre eine entsprechende Reduktion auf die berechneten Werte vorzunehmen.

Um die direkte Sonnenstrahlung bestimmen zu können, ist die Kenntnis der Sonnenhöhe δ erforderlich. In /58/ ist hierfür eine Formel in Abhängigkeit von der Tageszeit und der jahreszeitlichen Veränderung der Neigung der Äqua-

torialebene gegen die Sonne (Ekliptik) angegeben.

Ausgehend von der direkten Sonnenstrahlung auf eine Normalfläche q_{dir} nach Bild 24 kann die direkte Sonnenstrahlung $q_{dir,A}$ auf eine beliebig geneigte Fläche mit beliebiger Himmelsrichtung durch Multiplikation mit dem Kosinus des Winkels ξ zwischen der Einstrahlrichtung und der Normalen der zu untersuchenden Fläche A errechnet werden.

$$q_{dir,A} = q_{dir} \cdot \cos \xi \qquad (27)$$

Durch vorstehende Fassaden- oder Gebäudeteile sowie durch Fremdgebäude kann eine Beschattung einer zu untersuchenden Fläche A erfolgen. In /58, 59, 60/ sind Berechnungsformeln für die Beschattung für vertikale Flächen angegeben. Da jedoch Flächen beliebiger Neigung auftreten können, werden hierfür durch geometrische Überlegungen die beschatteten Flächen ermittelt.

Die Gesamtstrahlung Q_{AW}, die von einer Außenwand der Fläche A_{AW} absorbiert wird, errechnet sich somit zu:

$$Q_{AW} = a \cdot k_1 \cdot q_{diff} \cdot A_{AW} + a \cdot k_2 \cdot$$

$$\cdot k_3 \cdot q_{dir,A} \cdot A_{dir,AW} \qquad (28)$$

mit:

a Absorptionsfaktor der Außenwand

q_{diff} diffuse Sonneneinstrahlung bei wolkenlosem Himmel nach Bild 25

$A_{dir,AW}$ Fläche der Außenwand, die unter Berücksichtigung von Verschattungen von der direkten Sonnenstrahlung beschienen wird

k_1 Korrekturfaktor für die Intensität der diffusen Sonnenstrahlung entsprechend der Bewölkung
$k_1 = 1$:   klarer Tag
$k_1 \geqq 1$:   bedeckter Tag

k_2 Korrekturfaktor für die Trübung der Atmosphäre gegenüber Großstadtatmosphäre (siehe VDI 2078)
$k_2 = 1,15$:   reine Atmosphäre
$k_2 = 1,00$:   Großstadtatmosphäre
$k_2 = 0,87$:   Industrieatmosphäre

k_3 Korrektur für die Intensität der direkten Sonneneinstrahlung entsprechend der Bewölkung bzw. relative Sonnenscheindauer
$k_3 = 0$:   bewölkte Tage
$0 < k_3 \leqslant 1$:   klare Tage

Der Korrekturfaktor k_1 gibt an, wie stark sich die diffuse Strahlung an bewölkten Tagen gegenüber den Werten an klaren Tagen unterscheidet. In /61/ sind hierüber Angaben enthalten.

Der Korrekturfaktor k_3 für die Intensität der direkten Sonneneinstrahlung ist nur an denjenigen klaren Tagen mit 1 anzusetzen, die für die Berechnung der maximalen Kühllast herangezogen werden. Für klare Tage im Normaljahr und für die klaren Tage, die zur Berechnung der maximalen Heizlast verwendet werden, müssen kleinere Werte für k_3 eingesetzt werden, da an diesen Tagen nicht mit der höchsten Intensität der direkten Strahlung gerechnet werden kann.

Die Aufzeichnungen des Deutschen Wetterdienstes für die relative Sonnenscheindauer und die Sonneneinstrahlung in Hamburg /62/ und München /63/ wurden mittels einer Häufigkeitsanalyse ausgewertet. Danach können im Mittel folgende Werte für den Korrekturfaktor k_3 verwendet werden:

klare Tage für die Berechnung der maximalen Kühllast: $k_3 = 1$
klare Tage im Normaljahr: $k_3 = 0,8$
klare Tage für die Berechnung der maximalen Heizlast: $k_3 = 0,5$

Werte für die mittlere und extreme Schönwetterperiode im Sommer sind ebenfalls aus den Aufzeichnungen des Deutschen Wetterdienstes zu ermitteln.

Die Gesamtstrahlung Q_{Fe}, die durch eine Fensterkombination (Fenster einschließlich Sonnenschutz) mit der Fläche A_{Fe} in den Raum gelangt, läßt sich aus folgender Gleichung bestimmen:

$$Q_{Fe} = g \cdot 0,9 \cdot b_1 \cdot b_{2diff} \cdot k_1 \cdot q_{diff} \cdot$$

$$\cdot A_{Fe} + g \cdot 0,9 \cdot \epsilon \cdot b_1 \cdot b_{2dir} \cdot k_2 \cdot$$

$$\cdot k_3 \cdot q_{dir,A} \cdot A_{dir,Fe} \qquad (29)$$

mit:

g Glasanteil an der Fensterfläche (siehe VDI 2078)

$0,9$ Durchlaßfaktor von Einfachverglasung für die Sonnenstrahlung bei senkrechtem Strahlungseinfall

b_1 mittlerer Durchlaßfaktor der Fensterkombination (ohne steuerbaren Sonnenschutz) gegenüber Einfachverglasung

b_{2diff} mittlerer Durchlaßfaktor eines steuerbaren Sonnenschutzes für diffuse Sonnenstrahlung

b_{2dir} mittlerer Durchlaßfaktor eines steuerbaren Sonnenschutzes für direkte Sonnenstrahlung
Für die Faktoren b sind Werte in VDI 2078 angegeben.

ϵ relative Durchlässigkeit von Einfachglas für direkte Sonnenstrahlung in Abhängigkeit vom Einstrahlwinkel

$A_{dir,Fe}$ Fläche des Fensters, die unter Berücksichtigung von Verschattungen von der direkten Sonnenstrahlung beschienen wird.

Die relative Durchlässigkeit ϵ von Einfachglas für direkte Sonnenstrahlung gibt an, welcher Anteil der Sonnenstrahlung bei einem spitzwinkligen Einfall der Sonnenstrahlung auf ein Einfachglas gegenüber senkrechtem Einfall (parallel zur Flächennormale) durch das Glas hindurchgeht. Aus den Angaben in /60/ und /64/ kann mittels Regressionsanalyse hierfür ein Zusammenhang quantifiziert werden.

Der mittlere Durchlaßfaktor b_2 zur Berücksichtigung eines steuerbaren Sonnenschutzes ist nur dann einzusetzen, wenn der Sonnenschutz vorgezogen ist. Zur Entscheidung, wann der Sonnenschutz vorgezogen wird, wird im EDV-Programm abgefragt, ob die direkte Sonnenstrahlung auf das Fenster einen vorzugebenden Grenzwert überschreitet. Am Wochenende kann darüber hinaus noch zwischen zwei weiteren Steuerungsmöglichkeiten gewählt werden, nämlich Sonnenschutz immer offen oder immer geschlossen.

7.2.2   Raumklima und -nutzung

Für die Berechnung der Heiz- und Kühllast von Räumen sowie des Wärme- und Kältebedarfs für die Klimatisierung sind nicht alle Parameter, die das Raumklima beeinflussen sowie die Raumnutzung vorgeben, direkt zu berücksichtigen.

So sind z.B. die Fragen der Luftgeschwindigkeit im Raum, der Luftreinheit und der Geräusche für die Behaglichkeit im Raum von entscheidender Bedeutung und müssen bei der Gestaltung der Klimaanlage beachtet werden. Auf den Leistungs- und Energiebedarf haben sie jedoch nur indirekte Auswirkungen.

Daher werden im folgenden nur die Parameter behandelt, die direkt für die Berechnung bekannt sein müssen. Dies sind im wesentlichen bezüglich des Raumklimas die Temperatur und Feuchte der Raumluft, der Temperaturbereich für die Zuluft, die Mindestzuluftmengen sowie die Beleuchtung und hinsichtlich der Raumnutzung die Betriebs- und Verkehrszeiten, die Wärmequellen im Raum sowie die Regelung der Heizungs- bzw. Klimaanlagen.

Um den Leistungs- und Energiebedarf eines Gebäudes bestimmen zu können, ist der Bedarf an typischen Tagen zu ermitteln. Zur Charakterisierung der Einflüsse des Raumklimas sowie der Raumnutzung muß zusätzlich zu den für das Außenklima definierten typischen Tagen eine weitere Unterteilung vorgenommen werden, nämlich:
— Werktage (Arbeitstage)
— Wochenenden (arbeitsfreie Tage einschl. Feiertagen).

7.2.2.1 Temperatur der Raumluft

Die Regelung der Temperatur der Raumluft erstreckt sich i.a. auf die Hauptbetriebszeit der Klimaanlage (oder Heizungsanlage). Insbesondere in der noch etwas mehr eingegrenzten Verkehrszeit (Bürozeit) soll eine vorzugebende Solltemperatur eingehalten werden. Im Hochsommer, wenn die Außenlufttemperatur die Raumlufttemperatur übersteigt, sollte physiologisch begründet die Raumlufttemperatur angehoben werden /19/.

In vielen Fällen ist eine gewollte oder systembedingte Hysterese bei der Regelung der Raumlufttemperatur vorhanden, nämlich beim Übergang von Heizbetrieb in Kühlbetrieb oder umgekehrt. Es ist daher im EDV-Programm ein zulässiger Schwankungsbereich für die Raumtemperatur vorgesehen, in dem weder eine Nachkühlung noch Nachheizung im Raum erfolgt.

Je nach Vorgabe des minimalen Zuluftzustandes (Kaltluft) wird während dieser Betriebsphase eine bestimmte Kühlleistung mit der Zuluft in den Raum gebracht. Sie errechnet sich aus der Zuluftmenge und dem Enthalpieunterschied zwischen Zuluft und Raumluft.

Wird ein Schwankungsbereich für die Raumlufttemperatur vorgesehen, kann u.U. der maximale Kältebedarf und zusätzlich der Jahresbedarf an Wärme und Kälte gesenkt werden.

Während der Nebenbetriebszeit der Heizungs- bzw. Klimaanlagen, meist in der Nacht, am Wochenende und an Feiertagen, wird i.a. die Wärmezufuhr in den Raum gedrosselt und damit die Raumlufttemperatur gesenkt.

Es stehen hierfür zwei unterschiedliche Verfahren zur Verfügung:
a)   Der Sollwert der Raumtemperatur wird abgesenkt. Solange der Istwert höher ist, wird nicht geheizt. Erst wenn die Isttemperatur unter die reduzierte Solltemperatur absinkt, wird dem Raum Wärme zugeführt.
b)   Die Wärmezufuhr in den Raum wird proportional zur Außentemperatur gesteuert, z.B. durch eine nach der Außentemperatur gesteuerte Heizungsvorlauftemperaturregelung.

7.2.2.2 Feuchte der Raumluft

Die Regelung der Feuchte der Raumluft erfolgt in der Regel nach einer der folgenden vier Varianten:

a) Die relative Feuchte der Raumluft bleibt während des gesamten Jahres konstant. Bei angehobener Raumtemperatur im Sommer paßt sich der Raumluftzustand dem Außenluftzustand an. Dadurch muß die aufzubereitende Außenluft nicht allzu stark entfeuchtet werden, was den Kältebedarf senkt.

b) Die absolute Feuchte der Raumluft ist während des gesamten Jahres konstant. Im Sommer verringert sich mit erhöhter Raumtemperatur die relative Feuchte. Bei der Aufbereitung in der Klimazentrale muß die Außenluft mehr entfeuchtet, d.h. stärker gekühlt werden. Man hat aber durch Zuluft eine größere Kältezufuhr in den Raum und benötigt zum Teil geringere Luftmengen als im vorangehenden Fall a).

c) Die relative Feuchte der Raumluft wird in Abhängigkeit der Außentemperatur geregelt. Das bewirkt während des ganzen Jahres eine gewisse Anpassung der Raumluftfeuchte an die Außenluftfeuchte und damit die Verringerung des Wärmebedarfs im Winter und des Kältebedarfs im Sommer. Zwischen zwei gegebenen Grenzwerten der Außentemperatur hält die Raumluftfeuchte einen konstanten Wert ein. Dagegen ist sie ober- und unterhalb dieser Grenzwerte jeweils eine lineare Funktion der Außentemperatur.

d) Die absolute Feuchte der Raumluft wird in Abhängigkeit von der Außenluft geregelt. Mit Ausnahme der geänderten Führungsgröße entspricht diese Regelungsart dem Fall c).

7.2.2.3 Temperatur der Zuluft

Abhängig vom System der Klimaanlage, der Art der Zuluftauslässe und der Raumdurchspülung ist die minimale, d.h. kälteste Temperatur der Zuluft begrenzt, um Zugerscheinungen zu vermeiden und eine gleichmäßige Raumdurchspülung zu gewährleisten.

Die Festlegung der Tiefstwerte der Zulufttemperatur kommt erhebliche Bedeutung zu, da hiervon bei Ein- und Zweikanalklimaanlagen die Zuluftmenge und bei Vierleiter-Induktions-Klimaanlagen die Nachheiz- und Nachkühlleistung im Raumgerät beeinflußt wird.

Für die Steuerung der min. Temperatur der Zuluft (Kaltluft) bieten sich vier Alternativen an:

a) Die maximale Temperaturdifferenz zwischen Raumluft und Zuluft wird während des gesamten Jahres konstant gehalten. Hierdurch lassen sich Zugerscheinungen im Raum insbesondere im Hochsommer vermeiden. Allerdings geht dies auf Kosten des Energiebedarfs, da durch die erforderliche Nachwärmung zur Einhaltung der maximalen Temperaturdifferenz dem Raum nicht mehr die volle Kühlleistung der Zuluft bei gleicher Luftmenge zur Verfügung steht. Die durch die Nachwärmung verlorene Kälte in der Zuluft kann bei gleichbleibender Kühllast im Raum durch erhöhte Zuluftmengen ausgeglichen werden. Die Kühlleistung der Zuluft bleibt durch diese Maßnahme insgesamt erhalten, jedoch muß zur Aufbereitung der höheren Zuluftmengen mehr Kälte aufgewendet werden. Bei Vierleiter-Induktions-Klimaanlagen kommt diese Regelungsart i.a. nicht zur Anwendung (siehe b).

b) Die Zuluft wird ohne zentrale Nachwärmung mit der Temperatur nach den Ventilatoren zum Raum gefördert. Diese Regelung bietet dem Raum von der Luftseite her die größtmögliche Kühlleistung. Die teilweise damit verbundene hohe Temperaturspreizung erfordert besondere Aufmerksamkeit für die Ausbildung der Zuluftauslässe, um Zugerscheinungen zu vermeiden. Im Vergleich zur Regelungsart a) wird aber der Energiebedarf erheblich verringert. Die Vierleiter-Induktions-Klimaanlage verwendet vornehmlich diese Möglichkeit. Durch den induzierten Sekundärluftstrom wird nämlich der Temperaturunterschied zwischen Raumluft und austretender Luft erheblich reduziert.

c) Die maximale Temperaturdifferenz zwischen Raumluft und Zuluft ist unterhalb eines vorzugebenden Grenzwertes der Außentemperatur eine lineare Funktion der Außentemperatur. Oberhalb dieses Grenzwertes ist sie konstant. Solange die Außentemperatur oberhalb des vorgegebenen Grenzwertes liegt, gibt es keine Abweichung zu Fall a). Sinkende Außentemperatur führt i.d.R. zu verminderter Kühllast im Raum. Durch Verminderung der max. Temperaturdifferenz zwischen Raumluft und Zuluft unterhalb des Grenzwertes der Außenluft nimmt die dem Raum luftseitig angebotene Kühlleistung ab. Hierdurch kann zum einen die Nacherwärmung im Raum kleiner dimensioniert werden, zum anderen wird die Regelung der Nachwärmung verbessert, da durch die außentemperaturabhängige Zulufttemperatursteuerung bereits eine Teilanpassung an die Heiz- und Kühllast des Raumes vorgenommen wird.

d)   Die minimale Zulufttemperatur bleibt während des ganzen Jahres konstant. Der Vorteil dieser Regelung liegt im Sommerbetrieb bei angehobener Raumtemperatur. Die größere Temperaturspreizung zwischen Raumluft und Zuluft bringt bei gleicher Luftmenge mehr Kälte in den Raum. Unter Inkaufnahme einer eventuellen Einschränkung der Behaglichkeit im Hochsommer kommt man mit weniger Kühlleistung aus als bei der Regelungsmöglichkeit a). Während des Winterbetriebs besteht praktisch kein Unterschied zu a).

Bei allen Varianten der Steuerung der min. Temperatur der Zuluft hat die Regelung der Raumluftfeuchte Vorrang.

Wird z.B. eine konstante rel. Feuchte der Raumluft von 50 % gefordert, so kann die Zuluft bei einer Raumsolltemperatur im Hochsommer von 26 °C nicht kälter als ca. 15 °C sein, da dies die Taupunkttemperatur (φ = 95 %) der Zuluft ist. Unabhängig von der Vorgabe der min. Zulufttemperatur kann dieser Wert nicht unterschritten werden.

7.2.2.4 Mindestzuluftmengen

Die Mindestzuluftmengen müssen so bemessen sein, daß der Frischluftbedarf für die sich im Raum befindenden Personen gedeckt wird.

Wird ein Raum nur beheizt, sind die entsprechenden Außenluftmengen als Mindestluftwechsel durch die Fenster bzw. Fensterfugen vorzugeben.

Bei Klimaanlagen herrscht normalerweise während der Hauptbetriebszeit ein kleiner Überdruck im Raum gegenüber der Außenatmosphäre, so daß keine Außenluft durch die Fensterfugen in den Raum gelangt. Die erforderliche Frischluftrate muß demnach mit der klimatisierten Zuluft in den Raum geblasen werden. Andererseits muß die Zuluftmenge auch so bemessen sein, daß eine ausreichende Raumdurchspülung erreicht wird und keine Zugerscheinungen auftreten. Die unter diesen Gesichtspunkten festzulegende Mindestzuluftmenge ist für die Berechnung als unterer Wert vorgegeben.

7.2.2.5 Betriebs- und Verkehrszeiten

Die Hauptbetriebszeiten der Heizungs- bzw. Klimaanlage, während der die geforderten Werte für die Raumlufttemperatur und -feuchte eingehalten werden, ist für Tage im Normaljahr vorzugeben. Dabei ist es aus hygienischen Gründen sinnvoll, die Anlagen mindestens eine bis zwei Stunden vor Beginn der Verkehrszeit (Bürozeit) einzuschalten.

Zu kurze Vorlaufzeiten verursachen außerdem hohe Leistungsspitzen in der Heiz- und Kühllast und sind auch aus diesem Grunde zu vermeiden.

An Tagen mit einem extremen Außenklima, wie sie zur Auslegung der Anlagen für Sommer und Winter herangezogen werden, kann eine Verlängerung der Hauptbetriebszeit günstig sein, um unnötige Leistungsspitzen und damit eine Überdimensionierung der Anlagen zu vermeiden.

Eine entsprechend geänderte Steuerung der Hauptbetriebszeiten ist im Programm vorgesehen.

Als Verkehrszeit ist i.a. die Bürozeit zu verstehen, während der sich in der Regel Personen im Raum aufhalten. Während dieser Zeit kann auch die Beleuchtung abhängig von der Außenhelligkeit eingeschaltet werden. Außerdem sind nutzungsbedingte Wärmequellen im Raum vorhanden, wie z.B. Schreibmaschinen u.ä.

Bei gleitender Arbeitszeit ist als Verkehrszeit zusätzlich zur Kernzeit auch ein Anteil der Gleitzeit zu verstehen, während der sich die Mehrzahl der Arbeitskräfte im Gebäude befindet.

7.2.2.6 Künstliche Beleuchtung

Durch die künstliche Beleuchtung werden im Raum erhebliche Wärmemengen frei. Deshalb muß sie in die Berechnung der Heiz- und Kühllast sowie des Wärme- und Kältebedarfs einbezogen werden.

Bei der Wärmeabgabe der Beleuchtung ist zu trennen zwischen zwei Anteilen:
a)   Wärmefreisetzung im Raum
b)   Wärmefreisetzung in der Abluft.

Sind keine Absaugleuchten vorgesehen, wird die gesamte Energieaufnahme der Leuchten im Raum als Wärme freigesetzt. Bei Verwendung von Absaugleuchten geht nur ein Teil der Energieumsetzung der Leuchten in die Kühllast eines Raumes ein. Dieser Anteil wird durch den Restwärmefaktor I_2 nach VDI 2078 /7/ gekennzeichnet, der von der Leuchtentype, dem Luftdurchsatz je 100 W Lampenleistung und von der Art der Absaugung abhängt.

Der übrige Anteil der Lampenwärmeabgabe wird in der Abluft wirksam und kann dort zur Wärmerückgewinnung herangezogen werden.

Weiterhin ist der Wärmeeintrag in den Raum durch die Beleuchtung aufzuteilen in die Art der Wärmeabgabe:

α)   konvektive Wärmeabgabe

β)   strahlende Wärmeabgabe.

Während der konvektive Anteil direkt für die Heiz- und Kühllast wirksam wird, wird ein Teil der strahlenden Wärmeabgabe in den Wänden gespeichert.

Die Einschaltzeiten der künstlichen Beleuchtung richten sich i.a. nach der Helligkeit im Raum durch die Tageslichtbeleuchtung. Dabei ist prinzipiell zu trennen zwischen

— Grundbeleuchtung, die unabhängig von der Tageslichtbeleuchtung eingeschaltet wird, getrennt für drei Zeitbereiche:
  — Verkehrszeit (Bürozeit)
  — Hauptbetriebszeit der Heizungs- bzw. Klimaanlage außerhalb der Verkehrszeit
  — Nebenbetriebszeit der Heizungs- bzw. Klimaanlage (nachts und am Wochenende)
— Beleuchtung, die abhängig von der Höhe der Tageslichtbeleuchtung während der Verkehrszeit eingeschaltet wird.

Während für die Grundbeleuchtung die Einschaltzeiten vorgegeben sind, müssen die Einschaltzeiten für die abschaltbare Beleuchtung im Programm errechnet werden.

Um den realen Verhältnissen möglichst gut entsprechen zu können, werden folgende Bedingungen gestellt:

a)   Die Beleuchtung soll vor Sonnenaufgang und nach Sonnenuntergang eingeschaltet sein, sobald und solange sich Personen im Raum befinden, was innerhalb der Verkehrszeit (Bürozeit) der Fall ist.

b)   Die Beleuchtung soll während der Verkehrszeit auch nach Sonnenaufgang und vor Sonnenuntergang in Betrieb sein, sofern dies wegen der gewünschten Helligkeit im Raum und der Beleuchtung mit Tageslicht unter Berücksichtigung auch der Sonnenschutzmaßnahmen durch Jalousien u.ä. nötig ist.

Zur Kennzeichnung der Beleuchtungsverhältnisse im Raum durch Tageslicht ist nach DIN 5034 /25/ der Tageslichtquotient T definiert. Er gibt das Verhältnis der Beleuchtungsstärke E_i an einem Bezugspunkt im Raum zur Horizontalbeleuchtungsstärke E_a im Freien an (bei gleichmäßig bedecktem Himmel = bedeckter Tag).

Will man den Einschaltzeitpunkt für die Beleuchtung bestimmen, so benötigt man zum einen den Grenzwert der Beleuchtungsstärke E_i am Bezugspunkt im Raum für das Einschalten der Beleuchtung und zum anderen den nach DIN 5034 berechneten Tageslichtquotient T.

Daraus läßt sich dann der entsprechende Grenzwert der Horizontalbeleuchtungsstärke E_a im Freien (bei gleichmäßig bedecktem Himmel) bestimmen.

Mit Hilfe von Bild 9 und der in /24/ dargestellten Graphiken über den Zusammenhang zwischen der Horizontalbeleuchtungsstärke E_a im Freien und der Uhrzeit sowie der Jahreszeit läßt sich somit für bedeckte Tage der Zeitpunkt für das Ein- bzw. Ausschalten der Beleuchtung festlegen.

Der Zeitraum zwischen Sonnenaufgang und Abschalten der Beleuchtung variiert mit der Jahreszeit. Deshalb wird der für die Berechnung der Heiz- und Kühllast vorzugebende Zeitraum zwischen Sonnenaufgang und Abschalten der Beleuchtung nach folgenden Kriterien festgelegt:

Es ist zu kontrollieren, ob im Januar die Beleuchtung abgeschaltet wird.

Wenn ja: Zeitraum zwischen Sonnenaufgang und Abschaltzeitpunkt feststellen und für EDV-Berechnung vorgeben.

Wenn nein: Monat feststellen, in dem gerade noch während der gesamten Verkehrszeit beleuchtet wird. Für diesen Monat Zeitraum zwischen Sonnenaufgang und 12.00 Uhr bestimmen.

Als Sonderfälle sind zu berücksichtigen:
— Es soll an bedeckten Tagen ständig während der Bürozeit beleuchtet werden.
— Die Beleuchtung soll auch an klaren Tagen während der Bürozeit eingeschaltet bleiben.

Im EDV-Programm für die Berechnung der Heiz- und Kühllast wird nun in umgekehrter Reihenfolge ausgehend von dem vorgegebenen Zeitraum zwischen Sonnenaufgang und Abschalten der Beleuchtung die Sonnenstandshöhe δ zum Abschaltzeitpunkt und daraus die diffuse Sonneneinstrahlung in den Raum am bedeckten Tag zum Abschaltzeitpunkt bestimmt.

Dieser Wert der Sonnenstrahlung in den Raum wird als Grenzwert für das Aus- bzw. Einschalten der Beleuchtung an bedeckten Tagen herangezogen.

Für klare Tage, an denen sowohl diffuse wie auch direkte Sonnenstrahlung auftritt, sind bisher noch keine rechnerischen Verfahren zur Bestimmung des Tageslichtquotienten bei klarem Himmel bekannt /65/.

Nach /66/ ist die Lichtausbeute der Globalstrahlung für das menschliche Sehen, unabhängig von der Strahlungsintensität, der Sonnenstandshöhe und der Art der Bewölkung, nahezu konstant.

Die Globalbeleuchtungsstärke im Freien beträgt danach im Mittel 105 lx je W/m^2 Globalstrahlung mit einer Toleranz von etwa ± 10 %.

Dieser Zusammenhang ermöglicht daher eine näherungsweise Bestimmung der Beleuchtungszeiten auch an klaren Tagen, indem für klare Tage der gleiche Grenzwert der Sonneneinstrahlung in den Raum als Kriterium für das Ein- und Ausschalten der Beleuchtung herangezogen wird wie für die bedeckten Tage.

Diese Zusammenhänge sind nur gültig, wenn kein zusätzlicher Sonnenschutz bei direkter Sonnenstrahlung vorgezogen wird.

Bei geschlossenem Sonnenschutz ist zu berücksichtigen, daß der mittlere Durchlaßfaktor b des Sonnenschutzes für Sonnenstrahlung (Wärme) /7/ in der Regel größer ist als die Lichtdurchlässigkeit (Transmissionsgrad τ) des Sonnenschutzes /67, 68, 69/. Daher ist bei geschlossenem Sonnenschutz nicht direkt die Wärmeeinstrahlung durch die Sonne in den Raum mit dem Grenzwert zur Festlegung der Beleuchtungszeiten zu vergleichen, sondern ein im Verhältnis τ/b umgerechneter Wert.

7.2.2.7 Wärmequellen im Raum

Wärmequellen im Raum, die bei der Berechnung der Heiz- und Kühllast berücksichtigt werden müssen, können sein /7/:
- Wärmeabgabe der Personen
- Beleuchtungswärme
- Maschinen- und Gerätewärme
- Wärmeabgabe beim Stoffdurchsatz durch den Raum.

Die Wärmefreisetzung der Beleuchtung in den Raum ist bereits beschrieben, wobei zu unterscheiden ist zwischen Grundbeleuchtung und abschaltbarer Beleuchtung.

Die drei anderen Wärmequellen können innerhalb bestimmter Zeiträume als konstant angenommen und daher mit dem Mittelwert im jeweiligen Zeitraum beschrieben werden.

Aufgrund der Betriebszeiten der Heizungs- und Klimaanlagen sowie der Nutzung der Räume bieten sich drei Zeitbereiche an:

- Verkehrszeit (Bürozeit)
- Hauptbetriebszeit der Heizungs- bzw. Klimaanlage außerhalb der Verkehrszeit
- Nebenbetriebszeit der Heizungs- bzw. Klimaanlage.

Desweiteren ist der Wärmeeintrag in den Raum für jede Wärmequelle in jeden Zeitbereich aufzuteilen nach der Art der Wärmeabgabe:
- konvektive Wärmeabgabe
- strahlende Wärmeabgabe
- latente Wärmeabgabe.

7.2.3 Bauweise

Auf das Temperaturverhalten eines Bauwerkes wirken sich die thermischen Vorgänge in den Außenbauteilen wie Außenwand, Fenster und Dach aus. Da das Raumklima auch wesentlich von den thermischen Vorgängen der Innenbauteile beeinflußt wird, muß das Zusammenwirken aller Einflüsse, die das thermische Verhalten eines Raumes oder eines Gebäudes bestimmen, betrachtet werden.

Wie bereits beschrieben, wurden in den vergangenen Jahren eine Vielzahl von wissenschaftlichen Arbeiten veröffentlicht, die das instationäre Temperaturverhalten einzelner Bauteile zum Inhalt haben. Gertis und Hauser /39/ sehen darin jedoch nur wenige Ansätze, um das Temperaturverhalten von Räumen und ganzen Gebäuden zu ermitteln. Elektrische Analogiemodelle benötigen einen großen technischen und personellen Aufwand, so daß diese Methode für häufig wiederkehrende ähnliche Aufgaben, wie das wärmetechnische Verhalten von Räumen, ungeeignet erscheint. Analytische Methoden benötigen mehr oder weniger idealisierte Randbedingungen, die in realen Räumen z.B. aufgrund der Regelung der Heiz- und Klimaanlage zu unzulässigen Fehlertoleranzen führen.

Numerische Lösungen mittels der unterschiedlichsten Differenzenverfahren haben gegenüber den analytischen Verfahren zwar den Vorteil, die Randbedingungen nahezu beliebig vorgeben zu können, sie erfordern jedoch einen sehr hohen programmiertechnischen Aufwand. Zudem ist der Rechenzeitbedarf und die erforderliche Speicherkapazität für die EDV-Berechnung sehr hoch.

Deshalb wurde vom Verfasser ein Rechenverfahren mittels Ersatzmodellen /40/ für das thermische Verhalten von Wänden entwickelt. Es erlaubt einerseits eine ausreichende Genauigkeit, andererseits werden relativ kurze Rechenzeiten und eine minimale Speicherkapazität benötigt.

Baumaterial	Wärmeleitzahl	Wärmespeicherzahl	Grenze der Wanddicke
	λ	$c \cdot \rho$	s
	in $\dfrac{W}{m\,K}$	in $\dfrac{kJ}{m^3\,K}$	in mm
Stampfbeton	2,035	2010	409
Vollziegelsteine	0,791	1507	294
Bimsbeton	0,349	1256	214
Holz	0,140	2010	107
Styropor	0,041	46	382

Tafel 8: Grenzen der Wanddicke wärmetechnisch dünner Wände für einige Baumaterialien bei einer Periodendauer von 24 h

7.2.3.1 Ersatzmodelle für das thermische Verhalten von Wänden

In /40/ sind drei Modelle für das wärmetechnische Verhalten von mehrschichtigen Wänden hergeleitet:

a) Ersatzmodell für eine Wand bei Symmetrie von Aufbau und Belastung
b) Ersatzmodell für eine wärmetechnisch dünne Wand bei Unsymmetrie von Aufbau und/oder Belastung
c) Ersatzmodell für eine wärmetechnisch dicke Wand bei Unsymmetrie von Aufbau und/oder Belastung.

Da das Modell a) nur ein Grenzfall von den Modellen b) und c) ist, wird es hier nicht weiter betrachtet. Modell c) kann ebenfalls unberücksichtigt bleiben, da im allgemeinen im Hochbau nur wärmetechnisch dünne Wände vorkommen. Zum Überblick sind in **Tafel 8** die Grenzen der Wanddicke wärmetechnisch dünner Wände für einige Baumaterialien angegeben (Periodendauer 24 h).

Das den Berechnungen zugrundeliegende Ersatzmodell für das wärmetechnische Verhalten von Wänden ist in **Bild 26** dargestellt.

Die Widerstände R_1, R_2 und R_3 sowie die Kapazitäten C_1 und C_2 des Ersatzmodells lassen sich nach /40/ mit Hilfe der Matrizenrechnung aus dem Fourieransatz für das wärmetechnische Verhalten von Wänden herleiten.

7.2.3.2 Wärmetechnisches Verhalten von Innenbauteilen

Bei Innenbauteilen eines Gebäudes wie Innenwänden, innenliegenden Fußböden und Decken kann i.a. davon ausgegangen werden, daß in angrenzenden Räumen nahezu die gleichen Temperaturverhältnisse herrschen. Daher kann man vereinfachend von einer symmetrischen Wärmebelastung von Innenbauteilen ausgehen. Das Ersatzmodell nach Bild 26 kann dadurch entsprechend seiner Herleitung nach /40/ für Innen-

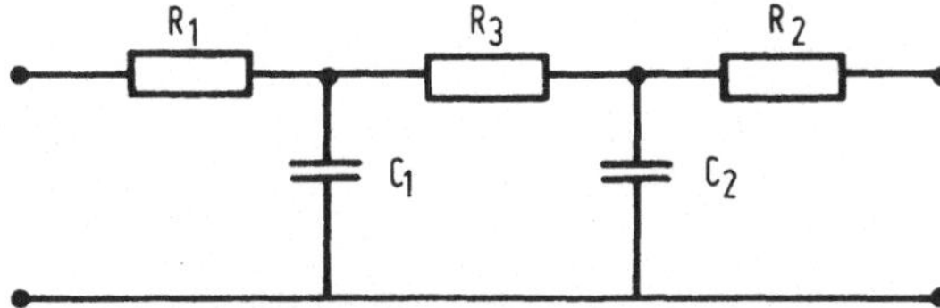

Bild 26: Ersatzmodell für das wärmetechnische Verhalten von wärmetechnisch dünnen Wänden

bauteile auf ein Modell entsprechend **Bild 27** reduziert werden. Hierin ist auch der Wärmeübergangswiderstand R_α zwischen der Wandoberfläche und der Raumluft eingetragen, wobei gilt:

$$R_\alpha = \frac{1}{\alpha} \cdot \frac{1}{A} \qquad (30)$$

mit:

α Wärmeübergangszahl in

$$\frac{W}{m^2\,K},$$

Werte siehe /5/.

Da die Wandoberflächen und die Raumluft einen nicht zu großen Temperaturunterschied aufweisen, kann der Wärmeübergang zwischen den Wandoberflächen und der Raumluft mittels der Wärmeübergangszahl α beschrieben werden, die die Wärmeübertragung sowohl durch Konvektion wie auch durch langwellige Strahlung beinhaltet /70, 71/.

Die kurzwellige Strahlung auf die Wandoberfläche $P_3(t)$, z.B. durch die Sonne, Beleuchtungsanlage u.ä., wird direkt auf der Wandoberfläche absorbiert. Dieser Wärmeeintrag wird teils in der Wand gespeichert, teils über den Wärmeübergangswiderstand R_α an die Raumluft weitergegeben.

Ein Wärmeaustausch zwischen zwei Wandoberflächen erfolgt unter diesen Voraussetzungen über die Raumluft.

Der resultierende Wärmestrom zwischen der Raumluft und der Wandoberfläche ist in Bild 27 mit $P_1(t)$ und die Temperatur der Raumluft mit $\vartheta_1(t)$ bezeichnet.

Somit sind alle Voraussetzungen zur Berechnung des wärmetechnischen Verhaltens einer Innenwand mittels des in Bild 27 dargestellten Modells gegeben.

Wie bereits in /40/ beschrieben, eignet sich zur Herleitung des Zusammenhangs zwischen $\vartheta_1(t)$ und $P_1(t)$ mit den Parametern $P_3(t)$, $R_{\alpha 1}$, R_1 und C_1 der Übergang von der mathematischen Darstellung in der Zeitfunktion in die Laplace-Transformation.

Die zeitlichen Änderungen der unabhängigen Variablen werden durch Treppenfunktionen (Serie von Sprungfunktionen) nachgebildet. Die zeitlichen Vorgänge zum Beispiel für einen Tag müssen dazu in mehrere Zeitabschnitte aufgeteilt werden. Ein geeignetes Zeitintervall ist 1 h, da hiermit noch alle wesentlichen Zeitabläufe mit ausreichender Genauigkeit beschrieben werden können, andererseits kein unnötig großer Rechenaufwand notwendig ist.

Der zeitliche Verlauf der einzelnen Variablen wird in jedem Zeitintervall von 1 h durch eine Sprungfunktion nachgebildet.

Die Amplitude der Sprungfunktion wird dabei gleich dem Mittelwert der Variablen innerhalb des betrachteten Zeitintervalls gesetzt.

Anstelle der Sprungfunktion könnten auch andere Funktionen, z.B. die Rampenfunktion, eingesetzt werden. Dies erfordert jedoch einen erheblich höheren Rechenaufwand ohne wesentliche Verbesserung der Ergebnisse.

7.2.3.3 Wärmetechnisches Verhalten von Außenbauteilen

Bei Außenbauteilen von Gebäuden, wie Außenwände und Dächer, aber auch Fenster, kann nicht wie i.a. bei Innenbauteilen von annähernd gleichen Temperaturverhältnissen auf beiden Seiten ausgegangen werden. Daher ist für Außenbauteile das vereinfachte Modell nach Bild 27 nicht anwendbar. Es muß für Außenwände und ähnliche Bauteile ein Modell entsprechend Bild 26 herangezogen werden. Das wärmetechnische Verhalten von Fenstern wird im Anschluß an die mathematische Behandlung von Außenwänden

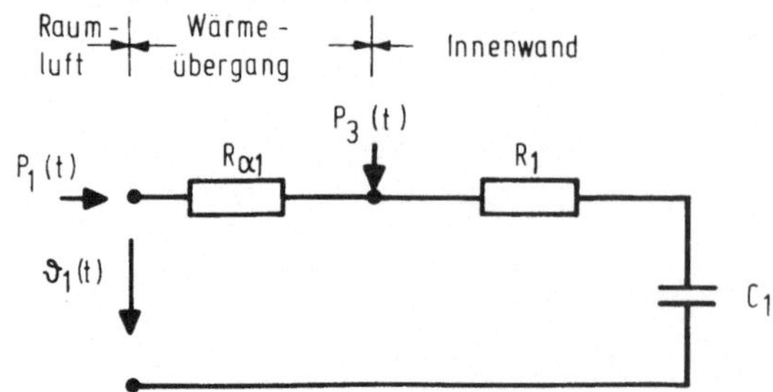

Bild 27:   Ersatzmodell für das wärmetechnische Verhalten von Innenbauteilen (z.B. Innenwand) eines Gebäudes bei symmetrischer Wärmebelastung

und ähnlichen Bauteilen getrennt behandelt, da wegen der vernachlässigbaren Wärmespeicherkapazität von Fenstern eine einfachere Berechnung möglich ist.

In **Bild 28** ist das vollständige Modell für Außenbauteile (z.B. Außenwand) dargestellt. Für die einzelnen Wärmeströme, Temperaturen und Wärmeübergangswiderstände gilt analog das bereits für Innenbauteile gesagte.

Wie bereits angedeutet, nehmen **Fenster** hinsichtlich ihres wärmetechnischen Verhaltens eine Sonderstellung unter den Außenbauteilen eines Gebäudes ein. Ihre Wärmespeicherkapazität ist gegenüber den übrigen Bauteilen wie Außenwänden, Innenwänden, Fußboden und Decke vernachlässigbar gering.

Desweiteren ist Glas für Sonnenstrahlung mehr oder weniger durchlässig. Die Reduktion der Sonnenstrahlung beim Passieren einer Fensterkombination aufgrund von Reflektion und Absorption wird dabei durch die Durchlaßfaktoren b und ϵ berücksichtigt.

Daher ist nur noch der Wärmestrom durch ein Fenster zu betrachten, der vom Temperaturunterschied zwischen der Raumluft $\vartheta_1(t)$ und der Außenluft $\vartheta_2(t)$ verursacht wird.

Der Wärmedurchlaßwiderstand R_{Fe} errechnet sich aus der Wärmedurchgangszahl k_{Fe} des Fensters (Werte siehe /5/) und der Fläche des Fensters A_{Fe} zu:

$$R_{Fe} = \frac{1}{k_{Fe}} \cdot \frac{1}{A_{Fe}} \qquad (31)$$

Weiterhin muß bei einem Fenster der Wärmestrom berücksichtigt werden, der von den durch die Fensterfugen bzw. durch geöffnete Fenster eindringenden Außenluftmengen verursacht ist. Auch dieser Wärmestrom läßt sich mit Hilfe eines Wärmewiderstandes R_L für die Lüftung durch die Fensterfugen bestimmen, wobei für den Widerstand R_L für die Lüftung gilt:

$$R_L = \frac{1}{V_L \cdot c_L \cdot \rho_L} \qquad (32)$$

mit:

V_L stündliche Außenluftmenge

c_L spez. Wärmekapazität der Außenluft

ρ_L Dichte der Außenluft

7.2.3.4 Wärmetechnisches Verhalten von Räumen

Das thermische Verhalten eines Raumes läßt sich mit Hilfe der Gleichungen für Innen- und Außenbauteile bestimmen. Hierzu müssen die Ersatzmodelle für die einzelnen Bauteile entsprechend ihrer wärmetechnischen Funktion und Verbindung zum Außenklima einander zugeordnet werden. Die schematische Ersatzschaltung zur Berechnung der Heiz- und Kühllast eines Raumes ist in **Bild 29** wiedergegeben. Es sind insgesamt drei Außenwände AW1 bis AW3, drei Fenster Fe1 bis Fe3 und vier Innenwände IW1 bis IW4 vorgesehen.

Der Begriff AW soll hier stellvertretend für alle Außenbauteile mit Ausnahme des Fensters stehen, also auch z.B. das Dach mit einschließen.

Entsprechend sind unter dem Begriff Innen-

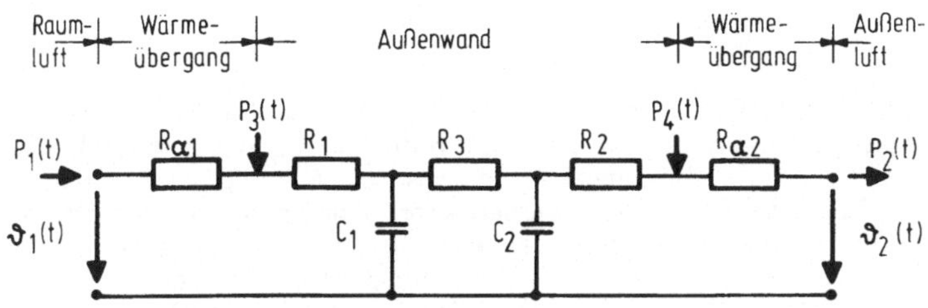

Bild 28: **Ersatzmodelle für das wärmetechnische Verhalten von Außenbauteilen (z.B. Außenwand) eines Gebäudes**

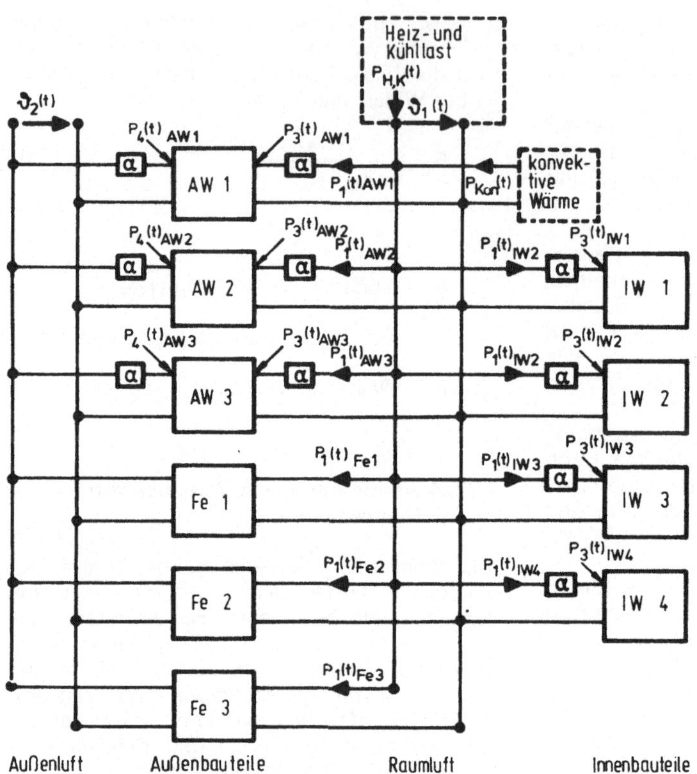

$\vartheta_1(t)$: Raumlufttemperatur
$\vartheta_2(t)$: Außenlufttemperatur
$P_1(t)$: Wärmestrom von Raumluft an Wandoberfläche
$P_3(t)$: Wärmestrahlung auf Wandoberfläche (Raumseite)
             durch Sonnenstrahlung, Beleuchtung o.ä.
$P_4(t)$: Absorbierte Sonnenstrahlung auf
             Außenoberfläche der AW
AW : Außenwände, Dach u.ä.
IW : Innenwände, Fußboden, Decke u.ä.
Fe : Fenster einschl. Luftaustausch durch Fenster

**Bild 29:   Schema der Ersatzschaltung zur
Berechnung der Heiz- und Kühllast
eines Raumes**

wand IW auch alle wärmetechnisch ähnlichen Innenbauteile wie Fußboden, Decke u.ä. zusammengefaßt.

In Anlehnung an DIN 4701 /5/ und VDI 2078 /7/ ist in der Heiz- und Kühllast nach Bild 29 noch nicht der Wärme- und Kältebedarf für die Klimatisierung — d.h. außer Erwärmen und Kühlen auch Befeuchten und Entfeuchten der Zuluft — enthalten.

Für die in Bild 29 dargestellte Ersatzschaltung ist weiterhin vorausgesetzt, daß der Raum mit Ausnahme der Außenbauteile von Räumen mit gleichem zeitlichen Gang des Raumklimas umgeben ist, was i.a. näherungsweise vorausgesetzt werden kann. Außerdem ist die Lufttemperatur an allen Stellen des Raumes gleich, d.h. ohne Temperaturschichtungen, angenommen. Die Speicherfähigkeit der Luft ist bezüglich der zeitlichen Lufttemperaturschwankungen im Raum vernachlässigt, da die Wärmespeicherkapazität der Raumluft üblicherweise unter 1 % der Werte für die Raumumschließungswände ausmacht.

Die Außenlufttemperatur $\vartheta_2(t)$ sowie die mittleren Wärmeströme $P_3(t)_{AW}$, $P_3(t)_{IW}$, $P_4(t)_{AW}$ und $P_{kon}(t)$ sind unabhängige Variablen. Somit ist eine direkte Funktion zwischen der Heiz- und Kühllast $P_{H,K}(t)$ und der Raumlufttemperatur $\vartheta_1(t)$ gegeben. Bei Vorgabe eines dieser beiden Parameter ist daher der andere berechenbar. In jedem Zeitintervall von 1 h kann dabei zwischen den beiden Parametern als abhängige und unabhängige Größen getauscht werden.

Somit sind die Anforderungen an die Berechnung des thermischen Verhaltens von Räumen erfüllt, wie sie zur Einhaltung eines gewünschten Raumklimas und einer geforderten Raumnutzung beschrieben wurden.

7.2.4 Anlagenspezifische Einflußgrößen

Der Berechnungsweg zur Bestimmung des wärmetechnischen Verhaltens von Räumen ist in Kap. 7.2.3.4 beschrieben. Unter Berücksichtigung der erforderlichen Einflußgrößen und Parameter läßt sich damit die Heiz- und Kühllast von Räumen mit Ausnahme des Wärme- und Kältebedarfs für eine Klimatisierung des Raumes — d.h. außer Erwärmen und Kühlen auch Befeuchten und Entfeuchten der Zuluft — berechnen.

Aus den daraus abgeleiteten Gleichungen kann daher für nicht klimatisierte Räume der Leistungsbedarf, der Leistungsgang und der Energiebedarf für Heizen und evtl. Kühlen (Heiz- und Kühllast) sowie der Temperaturgang der Raumluft bestimmt werden.

Andererseits ist die auf diesem Wege ermittelte Heiz- und Kühllast sowie Raumlufttemperatur Ausgangsgrundlage zur Berechnung des Wärme- und Kältebedarfs bei Klimatisierung.

Der Berechnungsgang zur Ermittlung der Heiz- und Kühllast von Räumen ist daher sowohl für Heizungsanlagen als auch für Klimaanlagen gleich. Die Eingangsdaten für die Berechnung können sich dagegen z.T. erheblich unterscheiden.

Ziel der Berechnung ist es, Aussagen zu folgenden Punkten zu erhalten:
— Auslegung von Heizungs- und Klimaanlagen
— Leistungs- und Energiebedarf von Heizungs- und Klimaanlagen
— Möglichkeiten und Effektivität von Energiekreisläufen in Gebäuden und Energierückgewinnung

— Raumklima sowohl bei extremem Außenklima im Winter und Sommer als auch bei mittlerem Außenklima (Normaljahr).

Diese Fragen können nicht alle direkt durch die Berechnung der Heiz- und Kühllast von Räumen beantwortet werden. Diese Berechnung muß jedoch die dafür erforderliche Grundlage liefern, um in anschließenden Berechnungen die notwendigen Aussagen zu erhalten.

7.2.4.1 Heiz- und Kühllast von Räumen

Um die gestellte Aufgabe erfüllen zu können, muß der Zeitgang der Heiz- und Kühllast sowie der Raumlufttemperatur an typischen Tagen hinsichtlich Außenklima, Raumklima und Raumnutzung bestimmt werden.

Bezüglich des Außenklimas muß aufgeteilt werden nach extremen Wetterlagen im Winter und Sommer zur Dimensionierung von Heizungs- und Klimaanlagen sowie zur Ermittlung des Energiebedarfs nach Tagen mit Bewölkung (bedeckter Tag) und Tagen ohne Bewölkung (klarer Tag) in einem durchschnittlichen Jahr (Normaljahr).

Unterschiede hinsichtlich Raumklima und Raumnutzung sind an Werktagen und Wochenenden (sowie Feiertagen) gegeben.

Unter Berücksichtigung dieser Kriterien sind die Heiz- und Kühllast von Räumen für folgende typische Tage zu berechnen:

a) zur Dimensionierung von Heizungs- und Klimaanlagen im Winter:
vier Tage mit extrem niedrigen Außentemperaturen (Januar):
— klarer Werktag
— klarer Tag am Wochenende
— erster Werktag (klar) nach einem Wochenende
— bedeckter Werktag

b) zur Dimensionierung von Klimaanlagen im Sommer und zur Bestimmung der max. Raumlufttemperaturen:
sechs Tage mit extrem hohen Außentemperaturen:
— klarer Werktag im April
— klarer Werktag im Mai
— klarer Werktag im Juni
— klarer Werktag im Juli
— klarer Werktag im August
— klarer Werktag im September

c) zur Ermittlung des Energiebedarfs von Heizungs- und Klimaanlagen:
48 Tage im Normaljahr:
für jeden Monat 4 typische Tage mit jeweils durchschnittlichem Außenklima:

– klarer Werktag
– klarer Tag am Wochenende
– bedeckter Werktag
– bedeckter Tag am Wochenende.

Um geringe Investitionen, hohe Benutzungsdauer und gute Regelfähigkeit der Heizungs- und Klimaanlagen zu erhalten, ist es erwünscht, die installierte Leistung von Heizungs- und Klimaanlagen klein zu halten. Andererseits wird gefordert, daß hierdurch das Raumklima auch bei extremem Außenklima möglichst behaglich bleibt und auch der Energieverbrauch nicht erhöht wird.

Dies läßt sich in vielen Fällen dadurch erreichen, daß die Betriebszeit der Anlagen und die Vorgabe der Raumsolltemperatur bei extremen Wetterlagen gegenüber dem Normaljahr geändert werden. So kann z.B. durch Aufheben der Nachtabsenkung bei sehr tiefen Außentemperaturen eine hohe Anheizspitze am Morgen vermieden werden. Entsprechendes gilt auch für die Verhältnisse im Hochsommer.

Deshalb ist bei der EDV-Berechnung zur Dimensionierung für Winter und Sommer die Auswahlmöglichkeit zwischen jeweils drei Alternativen vorgesehen:

Dimensionierung für Winter:
W I: Betriebszeiten der Heizungs- oder Klimaanlage wie im Normaljahr.
Vorgabe der Raumsolltemperatur wie im Normaljahr (mit Nachtabsenkung).
W II: Betriebszeiten und Vorgabe der Raumsolltemperatur wie bei Alternative W I, jedoch wird der erste Werktag nach einem Wochenende nicht zur Dimensionierung herangezogen.
W III: Verlängerung der Hauptbetriebszeit der Heizungs- oder Klimaanlage, keine Abschaltung oder Reduktion nachts und am Wochenende.
Vorgabe der normalen Raumsolltemperatur während der Verkehrszeit (Bürozeit) auch während der sonstigen Zeit (keine Nachtabsenkung).

Dimensionierung für Sommer:
S I: Betriebszeiten der (Heizungs- oder) Klimaanlage wie im Normaljahr.
Vorgabe der Raumsolltemperatur wie im Normaljahr mit Anhebung entsprechend DIN 1946 /19/ proportional zur Außentemperatur.
S II: Verlängerung der Hauptbetriebszeit der (Heizungs- oder) Klimaanlage, keine Abschaltung oder Reduktion nachts.
Vorgabe der normalen Raumsolltemperatur während der Verkehrszeit auch während der sonstigen Zeit mit Anhebung entsprechend DIN 1946 proportional zur Außentemperatur.
S III: Betriebszeiten wie bei Alternative S I.
Vorgabe der Raumsolltemperatur im Gegensatz zum Normaljahr **ohne** Anhebung entsprechend DIN 1946 proportional zur Außentemperatur.

Bei der Bestimmung der maximalen Heiz- und Kühllast ist es nicht immer sinnvoll, die höchste vorkommende Leistungsspitze zur Dimensionierung der Heizungs- oder Klimaanlage heranzuziehen, insbesondere wenn sie nicht in die Verkehrszeit (Bürozeit) fällt. So sollten insbesondere kurzzeitige Lastspitzen, z.B. zum Anheizen, nicht zur Dimensionierung herangezogen werden.

Bei den einzelnen Alternativen der Dimensionierung für Winter und Sommer werden daher folgende Leistungsspitzen zur Festlegung der Dimensionierung herangezogen:
W I: Extremwert der Heizlast während der Verkehrszeit (Bürozeit); falls der Extremwert nach W III (ohne Nachtsenkung) größer ist, wird dieser gewählt.
W II: Wie bei W I, jedoch wird der 1. Werktag nach einem Wochenende bei der Extremwertsuche ausgelassen.
W III: Höchste vorkommende Leistungsspitze der Heizlast (während der Gesamtzeit), da wegen der 24-stündigen Hauptbetriebszeit bei konstanter Raumtemperatur keine kurzzeitigen Lastspitzen zu erwarten sind.
S I: Extremwertbestimmung nur während der Verkehrszeit (Bürozeit).
Ermittlung der Tage mit der höchsten und der zweithöchsten Kühllast (ein Tag oder zwei Tage).
An diesen Tagen wird jeweils der zweithöchste Wert der Kühllast bestimmt und der größere von beiden zur Dimensionierung für den Sommer herangezogen.
S II: Extremwertbestimmung wie bei S I.
Zusätzlich wird der höchste Mittelwert der Kühllast außerhalb der Verkehrszeit (Bürozeit) berechnet. Dieser Mittelwert wird mit dem ermittelten Extremwert während der Verkehrszeit verglichen und der höhere Wert gewählt.
S III: Extremwertbestimmung wie bei S I.

Die maximale Heiz- und Kühllast von Räumen wird auf die so festgelegten Extremwerte begrenzt. Die typischen Tage zur Dimensionierung der Heizungs- und Klimaanlagen werden mit diesen Grenzbedingungen nochmals berechnet, um den Einfluß auf die Raumtemperatur feststellen zu können.

Die Anzahl der Eingabedaten für die EDV-Berechnung soll klein und die Rechenzeit möglichst kurz gehalten werden. Daher erscheint es für das EDV-Programm sinnvoll, solche Räume oder Raummodule in einem Rechengang zusammenzufassen, die gleichen Aufbau und Flächen der Wände einschl. Fußboden und Decke, gleiche Fensterart und -größe, gleichen Luftaustausch durch die Fenster, gleiche Raumausstattung und gleiche Betriebsweise der Beleuchtungs- und Heizungs- bzw. Klimaanlage aufweisen.

Unterscheiden können sich Sonnenschutzmaßnahmen sowie Himmelsrichtung, Neigung, Oberflächenbeschaffenheit und Beschattung der Außenwände und Fenster.

Im EDV-Programm sind deshalb für jeden Raum bzw. Raummodul maximal neun Variationen (Zonen) vorgesehen.

7.2.4.2 Heiz- und Kühlbedarf eines Gebäudes ohne Klimatisierung

Die Ermittlung des stündlichen Heiz- und Kühlbedarfs eines gesamten Gebäudes erfolgt durch zeitgleiche Summation der Heiz- und Kühllasten der einzelnen Räume eines Gebäudes, getrennt nach Vorzeichen.

Es wird jeweils für einen Typ eines Raumes oder Raummoduls die Heiz- und Kühllast berechnet, wobei für jeden Raumtyp bis zu 9 Zonen (z.B. Himmelsrichtungen) angesetzt werden können.

Ein Gebäude setzt sich meist aus mehreren Raumtypen zusammen, z.B. Zwischengeschoß, Dachgeschoß, Außenzonenmodul, Innenzonenmodul u.ä. Für jeden dieser Raumtypen ist eine getrennte Berechnung durchzuführen.

Die Ergebnisse für die einzelnen Raumtypen werden dann im anschließenden Programm unter Berücksichtigung der Anzahl der Räume bzw. Raummodule je Zone (Himmelsrichtungen) für jeden Raumtyp auf das Gesamtgebäude hochgerechnet.

Entsprechend wird auch die mittlere Raumtemperatur im Gebäude aus den Einzelwerten für jeden Raum bestimmt.

Der tägliche Heizbedarf (und evtl. Kühlbedarf) eines Gebäudes ergibt sich durch einfache Addition der stündlichen Werte.

Der Monatsbedarf wird aus den für jeden Monat eines Normaljahres repräsentativ betrachteten bedeckten und klaren Tagen durch Hochrechnung ermittelt. Dazu werden die Tageswerte der klaren und bedeckten Tage entsprechend dem Verhältnis der Anzahl der mittleren Sonnenscheinstunden zur Anzahl der möglichen Sonnenscheinstunden im jeweils betrachteten Monat gewichtet. Dabei ist zusätzlich noch die Anzahl der Werktage bzw. Arbeitstage und der Tage am Wochenende bzw. arbeitsfreie Tage zu berücksichtigen.

Aus den zwölf Monatswerten des Heizbedarfs (und evtl. Kühlbedarfs) läßt sich dann der Jahresbedarf bestimmen.

7.2.4.3 Wärme- und Kältebedarf eines Gebäudes bei Klimatisierung

Der Wärme- und Kältebedarf zur Klimatisierung hängt nicht nur von der Heiz- und Kühllast der einzelnen Räume, sondern auch wesentlich von der Art der eingesetzten Klimaanlage ab. Dies ist vor allem durch die sehr unterschiedlichen Luftmengen bedingt, die für die einzelnen Anlagensysteme benötigt werden.

Die meisten Klimaanlagen lassen sich hinsichtlich der Berechnung des Wärme- und Kältebedarfs (ohne Verluste) auf wenige Grundtypen zurückführen, die sich hauptsächlich durch die Art des Wärme- und Kältetransports in den zu klimatisierenden Raum unterscheiden.

Daher werden aus der Vielzahl der möglichen Varianten für die EDV-Berechnungen folgende vier Grundsysteme ausgewählt:
— Vierleiter-Induktions-Klimaanlagen
— Zweikanal-Klimaanlagen
— Einkanal-Klimaanlagen mit konstanter Luftmenge
— Einkanal-Klimaanlagen mit variabler Luftmenge

In der technischen Ausführung können sich die genannten vier Anlagentypen jeweils erheblich unterscheiden, z.B. bezüglich:
— Elemente der Klimazentrale
— örtliche Verteilung und Art der Nacherhitzer oder Nachkühler im Klimaanlagensystem oder im Raum
— Luftzuführung in den Raum
— Regelungs- oder Steuerungsorgane für die Luftzustände
— Verluste beim Transport der Wärme- und Kälteenergie im Gebäude
— Verluste in den Anlagenteilen zur Regelung und Steuerung der Luftzustände.

Eine weitere Unterscheidung im Berechnungsgang zur Bestimmung des Wärme- und Kältebedarfs muß die Art der Befeuchtung der Luft vorgenommen werden, nämlich Befeuchtung durch Wasser oder Befeuchtung durch Dampf.

Um den Leistungs- und Energiebedarf zur

Klimatisierung reduzieren zu können, ist in vielen Fällen der Einsatz von Energierückgewinnungsanlagen wirtschaftlich sinnvoll. Dabei wird z.B. die in der Abluft vorhandene Wärme zur Aufwärmung der Frischluft verwendet. Weiterhin besteht z.T. die Möglichkeit der Energieverschiebung innerhalb des Gebäudes, z.B. von der besonnten Südfassade zu der unbesonnten Nordfassade.

Für die Energierückgewinnung werden aus energiewirtschaftlicher Sicht vier Grundtypen betrachtet:
— Umluftbeimischung
— regenerativer Wärmeaustausch
— regenerativer Wärmeaustausch in Verbindung mit dem Einsatz der Kältemaschine als Wärmepumpe

— Energierückgewinnung aus der Abluft mit einer Wärmepumpe.

Während die ersten beiden Systeme nur eine Energierückgewinnung aus der Abluft und Übertragung dieser Energie in die Zuluft ermöglichen, besteht beim dritten und vierten System auch die Möglichkeit der Ausnutzung der Abwärme der Kältemaschine und der Energieverschiebung in die Räume sowie zwischen den Räumen.

Außer den beschriebenen Vollklimaanlagen können auch Lüftungsanlagen mit und ohne Befeuchtung sowie mit und ohne Kühlung berechnet werden.

Himmelsrichtungsorientierung	Süd
Fußbodenfläche	20,65 m^2
Fensterfläche (mittlere Fenstergröße)	4,80 m^2
Isolierverglasung, Wärmeduchgangszahl	3,6 W/m^2 K
Sonnenschutz	Innenjalousien
Außenwandfläche	9,60 m^2
Wärmedurchgangszahl	0,82 W/m^2 K
Bauweise von Wänden, Fußboden und	wärmetechnisch
Decken:	mittelschwer
Fußboden (siehe Tafel 10)	Typ B
Decke, abgehängt (siehe Tafel 10)	Typ A
Innenwand (siehe Tafel 10)	Typ D
Außenwand (siehe Tafel 10)	Typ D
Personenbelegung	2
Beleuchtung (Absaugleuchten)	ca. 650 lx (30 W/m^2)
Wärmeeintrag in den Raum	281,4 W
Wärmeeintrag in Abluft	384,0 W
Wärmeabgabe durch Maschinen usw.	58,2 W
Bürozeit	8—17 Uhr
Klimaanlagensystem	Vierleiter-Induktions-Klimaanlage mit Wasserbefeuchtung
Hauptbetriebszeit der Klimaanlage (normalerweise)	6—18 Uhr
Normale Raumlufttemperatur während der Hauptbetriebszeit	22 °C
Max. Raumlufttemperatur im Hochsommer	26 °C
Min. Raumlufttemperatur nachts	18 °C
Luftfeuchte im Raum	45 %
Primärluftmenge	240 m^3/h
Luftwechsel durch Fensterfugen (nur außerhalb der Hauptbetriebszeit)	43,4 m^3/h
Wirkungsgrad des regenerativen Wärmetauschers	75 %
Leistungsziffer der Kältemaschine	3,5
Minimale Ablufttemperatur nach Abkühlung mit der Wärmepumpe	8 °C

Tafel 9:   Basisdaten für den Büroraum (Mittelraum)

7.3 Ergebnisvergleich der EDV-Berechnungen mit den VDI-Kühllastregeln

Die in Kap. 7.1 und 7.2 beschriebenen EDV-Programme gehen in den Berechnungsergebnissen weit über den Rahmen der mit VDI 2078 /7/, DIN 4701 /5/ und VDI 2067 /6/ ermittelbaren Aussagen hinaus. Daher kann ein wesentlicher Anteil der Ergebnisse nicht mit diesen Richtlinien und Normen verglichen werden.

In einigen Punkten besteht bei Einhaltung bestimmter Randbedingungen die Möglichkeit der Gegenüberstellung, bei der dann die Grenzen der Aussagefähigkeit dieser Richtlinien und Normen deutlich wird.

Für diese Gegenüberstellung wird exemplarisch ein Büroraum gewählt, der auch in Kap. 8 zur Darstellung der Auswirkungen der verschiedenen Einflußgrößen verwendet wird. Die Basisdaten, die den Angaben in Kap. 8.1.1 und 8.2.1 entsprechen, sind in **Tafel 9** zusammengestellt.

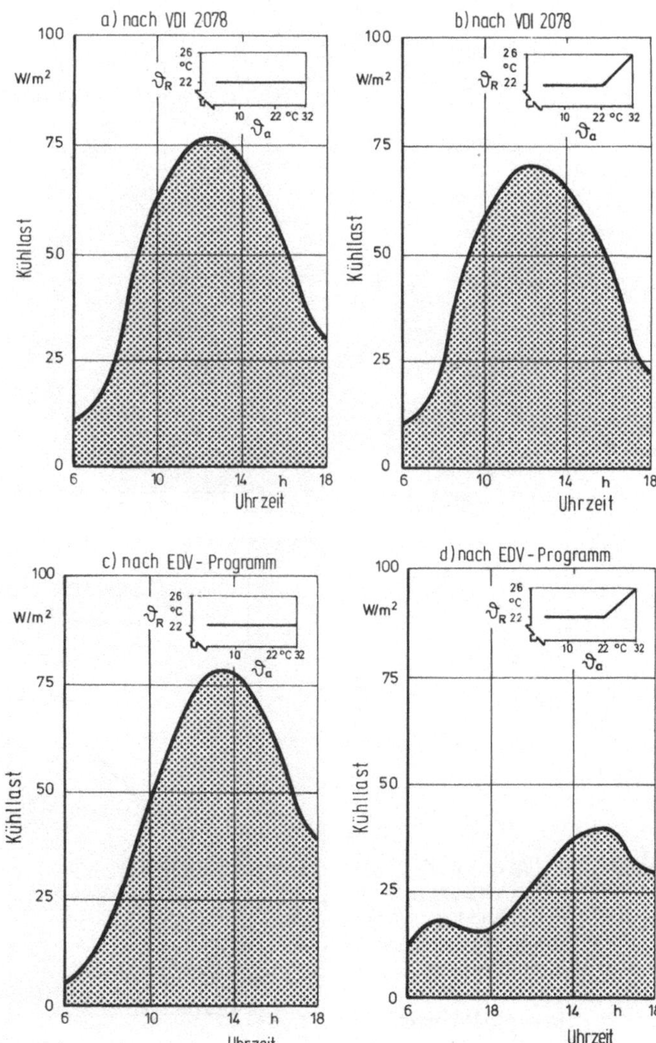

Bild 30: Zeitgang der Kühllast in einem Südraum im Juli für unterschiedliche Berechnungsmethoden, 24-h-Betrieb

Die VDI-Kühllastregeln, VDI 2078, berücksichtigen die Wärmespeicherung der Wände mittels Speicherfaktoren bzw. äquivalente Temperaturdifferenzen für Beleuchtungswärme und Sonneneinstrahlung zumindest prinzipiell. Daher sind relativ genaue Werte für die errechnete Kühllast zu erwarten, wenn in den Räumen stets eine konstante Raumtemperatur eingehalten wird.

Üblicherweise wird jedoch der Sollwert der Raumtemperatur nach DIN 1946 Bl. 2 /19/ in Abhängigkeit von der Außentemperatur gesteuert. Für diesen Fall werden zwar in VDI 2067 Berichtigungswerte für die Speicherfaktoren angegeben. Über deren Anwendbarkeit werden in der Literatur unterschiedliche Aussagen gemacht /72, 73, 74/.

Deshalb wird der Vergleich sowohl für eine konstante Raumlufttemperatur von 22 °C und als auch für eine außentemperaturabhängige Raumlufttemperatur von 22 bis 26 °C durchgeführt.

Die Ergebnisse sind in **Bild 30** dargestellt.

Man erkennt deutlich, daß bei konstanter Raumtemperatur die Kühllast sowohl im Maximum als auch im Zeitgang für die Berechnung

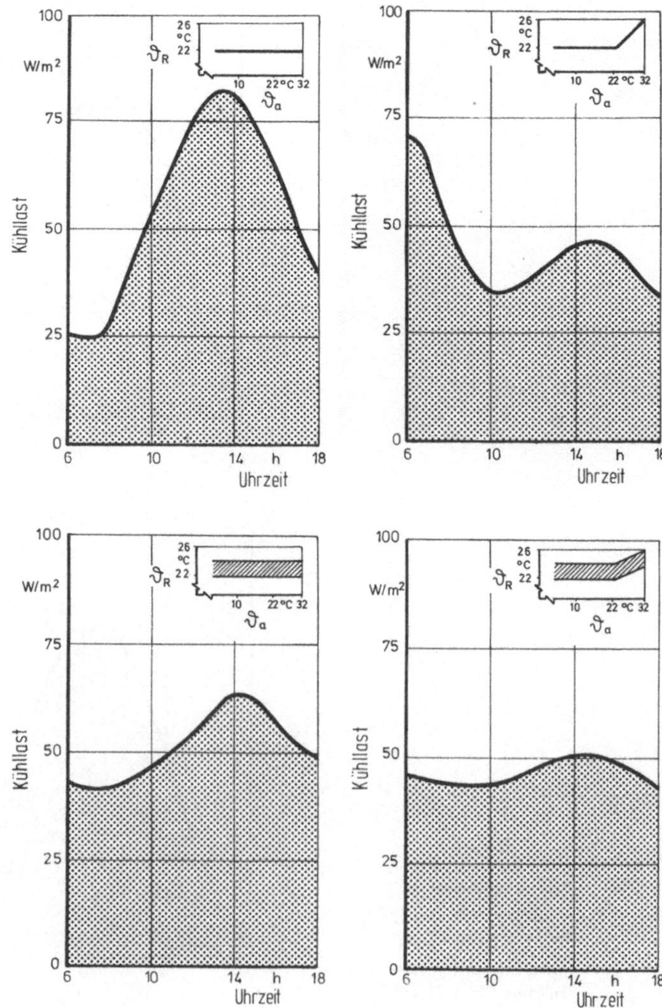

Bild 31: Zeitgang der Kühllast in einem Südraum im Juli, abhängig von der Regelung der Raumlufttemperatur, 12-h-Betrieb (nach EDV-Berechnung)

nach VDI 2078 und nach EDV-Programm gut übereinstimmen. Es ist jedoch eine Zeitverschiebung von etwa einer Stunde zwischen den Maximalwerten beider Berechnungen zu erkennen. Dies ist teilweise auf den pauschalen Ansatz der Wärmespeicherkapazität in VDI 2078 zurückzuführen, zum Teil aber auch mit dem Zeitunterschied zwischen Sonnenzeit und mitteleuropäischer Zeit zu erklären, der im EDV-Programm berücksichtigt wird.

Wird die Raumtemperatur ϑ_R in Abhängigkeit von der Außentemperatur ϑ_a gesteuert, verändert sich die Kühllast nach VDI 2078 nur unwesentlich, da die Aktivierung der Wärmespeicherfähigkeit der Wände hinsichtlich der Veränderungen der Raumtemperatur nahezu unberücksichtigt bleibt (Bild 30b).

Hier zeigen sich deutlich die Vorteile der EDV-Berechnung, denn nicht nur die Amplitude der Kühllast wird erheblich beeinflußt, sondern vor allem der Zeitgang wird vollständig verändert. Da die Raumtemperaturen am Vormittag bis ca. 15 Uhr angehoben werden, ist zu dieser Zeit eine auf weniger als 50 % reduzierte Kühllast vorhanden.

Gegen Abend wird die Raumtemperatur wieder gesenkt. Die gespeicherte Wärme in den Wänden muß weggekühlt werden. Daher tritt jetzt nachts eine erhebliche Kühllast auf.

Um den Einfluß der Regelung der Raumlufttemperatur und der Anlagenbetriebszeit noch weiter zu verdeutlichen, sind in **Bild 31** vier Varianten dargestellt, wobei die sonstigen Randbedingungen unverändert bleiben.

Die Betriebszeit ist von 24 h auf 12 h reduziert. Dadurch erhöht sich die Kühllast vor allem am frühen Vormittag, da die Kühlung in der Nachtzeit unterbleibt und am Morgen nachgeholt werden muß. Dies führt für den Fall gleitender Raumsolltemperatur zu einer hohen Kühllastspitze am Vormittag.

Sehr günstige Verhältnisse im Zeitgang der Kühllast erhält man, wenn man einen Schwankungsbereich für die Raumlufttemperatur zuläßt, wie in Bild 31 unten mit 2 K angenommen wird. Während der gesamten Betriebszeit von 12 h ist die Kühllast nahezu konstant. Das Maximum reduziert sich dadurch etwa um ein Drittel.

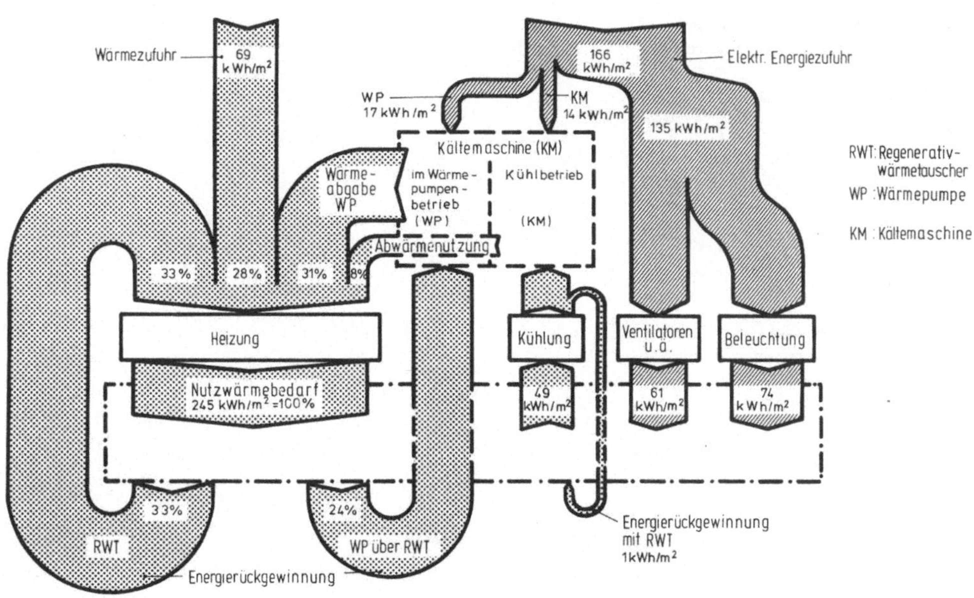

Bild 32:   Jahresflußdiagramm des Energiebedarfs (ohne Verluste) für einen Süd- und einen Nordraum, Klimatisierung durch Vierleiter-Induktions-Anlage mit Energierückgewinnung

Die dynamische Berechnung ist aber auch für den Winterbetrieb vorteilhaft, insbesondere, wenn die Möglichkeit einer Wärmerückgewinnung einbezogen wird. Die energetisch günstigsten Verhältnisse ergeben sich, wenn man eine Wärmerückgewinnung mit einem regenerativen Wärmetauscher (RWT) in Verbindung mit dem Einsatz der Kältemaschine (KM) als Wärmepumpe (WP) durchführt.

Mit dieser Variante der Energierückgewinnung ist eine Energieverschiebung zwischen den Räumen (z.B. vom Südraum zum Nordraum) und eine Abwärmenutzung der Kältemaschine bei Kühlbetrieb möglich. In **Bild 32** ist hierzu das Jahresflußdiagramm des Energiebedarfs (ohne Verluste) dargestellt /75/.

Es wird unterschieden nach vier Gruppen der Energienutzung, nämlich:
— Heizung
— Kühlung
— Ventilatoren, Maschinen u.ä.
— Beleuchtung.

Eine Energierückgewinnung ist nur für Heizung und Kühlung möglich, wobei der Betrag bei der Kühlung nahezu vernachlässigbar ist. Bei der Kühlung ist vor allem die Reduzierung der max. Kühlleistung durch eine Energierückgewinnung interessant.

Anders verhält es sich dagegen bei der Heizung. Nur 35 % des Nutzwärmebedarfs müssen durch Energiezufuhr gedeckt werden, wobei 28 % in Form von Wärme und 7 % als elektrische Energie für die Kältemaschinen im Wärmepumpenbetrieb benötigt werden.

Ein Drittel des Nutzwärmebedarfs wird mit dem Regenerativwärmeaustauscher zur Vorwärmung der Zuluft bis zur Taupunktenthalpie (vor Befeuchtung) gedeckt. Weitere 24 % können mit dem RWT zurückgewonnen werden, wenn die Kältemaschine als Wärmepumpe eingesetzt wird. Die Überschußwärme in der Zuluft wird bei Ausnutzen der gesamten Rückgewinnungsmöglichkeiten des RWT der Zuluft durch Gegenkühlen wieder entzogen. Diese Wärme steht dann am Kondensator der Kältemaschine unter Berücksichtigung der Leistungsziffer der Kältemaschine wieder zur Verfügung und kann ins Warmwassernetz zur Nachheizung im Raum eingesetzt werden.

Weitere 8 % des Nutzwärmebedarfs werden durch Ausnutzen der Abwärme der Kältemaschine im Kühlbetrieb gedeckt.

Durch die Energierückgewinnung wird die dominierende Rolle der Wärmebedarfsdeckung innerhalb des gesamten Energiebedarfs erheblich eingeschränkt. Wesentlich wichtiger wird der elektrische Energiebedarf.

Diese Ergebnisse sind nur zu erlangen, wenn der Zeitgang der Heiz- und Kühllast sowie des Wärme- und Kältebedarfs errechenbar ist, da die Energierückgewinnung und -verschiebung nur kalkuliert werden kann, wenn der zeitgleiche Bedarf bekannt ist.

8. Optimierungsansätze für dynamische Vorgänge

Die EDV-Programme nach Kap. 7 zur Berechnung der Heiz- und Kühllast von Räumen, des Wärme- und Kältebedarfs eines Gebäudes bei Heizung oder Klimatisierung und der Raumlufttemperaturen insbesondere im Hochsommer liefern die Voraussetzungen zur Beantwortung der meisten relevanten Fragen für die Optimierung der Energiebedarfsdeckung bei der Raumkonditionierung. Man erhält jedoch nicht direkt ein Optimum für eine vorgegebene Fragestellung, sondern muß sich durch schrittweises Verändern der einzelnen Parameter dem Optimum nähern.

Dies ist jedoch in vielen Fällen aus Zeit- und Kostengründen nicht möglich. Die Variationsbreite bei den einzelnen Einflußgrößen ist insbesondere hinsichtlich Bauweise, Fassadengestaltung, Raumnutzung sowie Art und Betriebsweise der Anlagen zur Raumkonditionierung sehr groß, andererseits sind meist viele Faktoren nicht frei wählbar, so daß oft keine allgemeingültige Aussage getroffen werden kann.

Um die Auswirkungen der verschiedenen Einflußgrößen aufzuzeigen und auch eine Abschätzung ohne Computereinsatz zu ermöglichen, werden im folgenden zwei Problemkreise für die Optimierung behandelt:
— Zusammenhang zwischen Bauweise und Raumtemperaturen im Hochsommer, um Kriterien für die Bauweise zu definieren, auf Grund derer auf eine Klimatisierung aus Gründen der thermischen Behaglichkeit verzichtet werden kann.
— Auswirkungen von Bauweise, Klimaanlagensystem und Energierückgewinnung auf den Leistungs- und Energiebedarf, um Kriterien für eine rationelle Energieversorgung zu erhalten.

8.1 Zusammenhang zwischen Bauweise und Raumtemperaturen im Hochsommer

Die Auswirkungen der verschiedenen Einflußgrößen auf die Raumlufttemperatur im Hochsommer werden für nichtklimatisierte Räume untersucht und ein Verfahren zur Abschätzung der zu erwartenden Raumlufttemperaturen unter Berücksichtigung der verschiedenen Einflußgrößen ohne Computereinsatz hergeleitet. Erste Ansätze hierzu wurden schon in /76/ behandelt.

Als Ziel sollen die Kriterien für die Bauweise definiert werden, die eine Klimatisierung ohne unzulässige Beeinträchtigung der thermischen Behaglichkeit im Sommer vermeidbar machen.

Dazu werden hinsichtlich des Außenklimas zwei Schönwetterperioden im Hochsommer untersucht, nämlich die in Kap. 7.2.1.1 definierten Perioden:
a) mittlere sommerliche Schönwetterperiode
b) extreme sommerliche Schönwetterperiode.

Die mittlere sommerliche Schönwetterperiode tritt durchschnittlich fünf- bis sechsmal im Jahr auf, während die extreme Periode durchschnittlich nur einmal im Jahr zu erwarten ist.

8.1.1 Basisdaten

Die Herleitung der Zusammenhänge wird exemplarisch für den in /77/ beschriebenen typischen Büroraum durchgeführt. Für das Außenklima werden als charakteristisch für die Klimazone I die Werte von Essen verwendet.

Abmessungen des Raumes:

Breite	3 Raster a 1,20 m	= 3,60 m
Tiefe	5 Raster a 1,20 m	= 6,00 m
Geschoßhöhe		= 4,00 m
lichte Raumhöhe bei untergehängter Decke		= 3,00 m

Flächen (jeweils mit Abschlägen für Türen usw.)

Fußboden	= 20,65 m²
Decke (bzw. ggf. Dach)	= 20,65 m²
Außenfassade (einschl. Fenster)	= 14,40 m²
ggf. 2. Außenfassade bei Eckräumen (immer fensterlos)	= 24,00 m²

Längs-Innenwand (ein- oder   = 21,00 m²
zweifach)
Quer-Innenwand   = 12,60 m²
Personenbelegung in der Bürozeit
(von 8.00 Uhr bis 16.00 Uhr)
1 Person/Raum
mit einer konvektiven Wärmeabgabe
von   40 W
und einer strahlenden Wärmeabgabe
von   52 W
Sonstige Wärmequellen im Raum:
im Hochsommer keine.

Von zentraler Bedeutung für das wärmetechnische Verhalten von Räumen ist der Aufbau der Wände, des Fußbodens und der Decke bzw. des Daches. Deshalb werden hinsichtlich der Wärmespeicher- und der Wärmeleitfähigkeit stark voneinander abweichende Typen untersucht, deren wärmetechnische Daten in **Tafel 10** zusammengestellt sind.

Die in den Tabellen mit „Typ A" bezeichneten Wände weisen den geringsten Speichereffekt auf und werden als

„Leichtbauweise"

bezeichnet, da zugleich das spezifische Gewicht dieser Wände am niedrigsten ist. Dementsprechend weisen die Typen mit der jeweils höchsten Buchstabenkennzeichnung den größten Speichereffekt und das höchste spezifische Gewicht auf, sie werden daher als

„Schwerbauweise"

bezeichnet.

Bezüglich der Lage im Gebäude werden vier unterschiedliche Raumtypen untersucht, nämlich:

Mittelraum (MR),
Dachmittelraum (DMR),
Eckraum (ER) und
Dacheckraum (DER).

Der Mittelraum besitzt nur eine Außenwand, die anderen Wände sowie Fußboden und Decke grenzen an andere Räume an.

Der Dachmittelraum hat an Stelle der Decke eine zweite Außenfläche in Form eines Daches.

Der Eckraum hat an Stelle einer Längs-Innenwand eine zweite Außenwand. Diese zweite Außenwand ist immer ohne Fenster.

Beim Dacheckraum kommt zusätzlich eine dritte Außenfläche in Form eines Daches an Stelle der Decke hinzu.

Die Angaben über die Orientierung der Räume nach Himmelsrichtungen beziehen sich auf die Orientierung der Außenwand mit Fenster.

Die Fenster werden entsprechend den Angaben in /77/ in drei Größen variiert.

a)   Kleine Fenster
– Fensterfläche (Rohbaumaße)   2,7 m²
– Glasanteil an der Fensterfläche   73,0 %
b)   Mittlere Fenster
– Fensterfläche (Rohbaumaß)   4,8 m²
– Glasanteil an der Fensterfläche   84,0 %
c)   Große Fenster
– Fensterfläche (Rohbaumaß)   7,8 m²
– Glasanteil an der Fensterfläche   80,0 %

Zusätzlich werden noch als Grenzfälle untersucht:

d)   Fensterloser Raum
e)   Raum mit einer Glaswand
– Fensterfläche (Rohbaumaß)   13,0 m²
– Glasanteil an der Fensterfläche   90,0 %

Für alle Fenstertypen werden folgende Werte angesetzt:

Wärmedurchgangszahl der Fenster einschließlich Rahmen (Metallfenster mit Doppelverglasung):   3,6 W/m² K

Mittlerer Durchlaßfaktor des Fensters für die Sonnenstrahlung gegenüber Einfachverglasung ohne Sonnenschutz: 0,90

Der Fenstergeometrie entsprechend wird eine Beschattung durch die Fenstereinfassung berücksichtigt.

Der fensterlose Raum ist nur als Grenzfall für die Herleitung der Zusammenhänge zu verstehen. Die in der Realität vorhandene Notwendigkeit einer Beleuchtung und damit einer zusätzlichen Wärmequelle im Raum wird nicht berücksichtigt.

Bezüglich des Sonnenschutzes werden vier Varianten untersucht:

a)   kein Sonnenschutz,
b)   Sonnenschutz durch einen durchgehenden Balkon von 1,2 m Breite vor der Fassade, der als Fluchtbalkon ausgebildet ist,
c)   Sonnenschutz durch Innenjalousien mit einem mittleren Durchlaßfaktor b_2 von 0,6 (nach VDI 2078) und
d)   Sonnenschutz durch Außenjalousien mit einem mittleren Durchlaßfaktor b_2 von 0,2 (nach VDI 2078).

Der Sonnenschutz durch Innen- und Außenjalousien wird bei Auftreffen direkter Sonnenstrahlung vorgezogen. Ist jedoch nur diffuse Sonnenstrahlung vorhanden, bleibt er geöffnet.

Für den Luftwechsel durch die Fensterfugen wird von einer Fugendurchlässigkeit von a = 1 ausgegangen. Während der Bürozeit wird ein Mindestluftbedarf von 50 m³/h pro Person (und damit auch 50 m³/h · Raum) angesetzt, um die zulässige CO_2-Konzentration in der Raumluft nicht zu überschreiten.

Zusätzlich wird die Möglichkeit vorgesehen, den Luftwechsel während der Bürozeit auf 200 m³/h zu erhöhen, wenn die Temperatur der Raumluft höher ist als die Temperatur der Außenluft. Der Fall wird als Taglüftung bezeichnet.

Weiterhin wird untersucht, inwieweit die Raumlufttemperaturen während der Bürozeit gesenkt werden können, wenn nachts der Raum durch eine Zwangslüftung von 200 m³/h pro Raum mit Außenluft gekühlt wird (Nachtlüftung). Die Temperatur der Zuluft ist jeweils gleich der Außenlufttemperatur.

Da die direkte Sonnenstrahlung stark von der Himmelsrichtung abhängt, wird die Richtung der Außenwände nach der Orientierung Nord, West, Süd und Ost variiert, wobei bei den Eck- und Dacheckräumen die zweite Außenwand jeweils um 90 ° versetzt angesetzt wird.

8.1.2 Auskühlzeitkonstante eines Raumes

Zur Beurteilung des wärmetechnischen Verhaltens von Räumen wird als wärmetechnische Kennzahl die

Auskühlzeitkonstante des Raumes

gewählt, da sie folgende drei Forderungen erfüllt:

a)   Die Kennzahl muß sich aus den Ergebnissen der EDV-Berechnung eindeutig bestimmen lassen.

b)   Die Kennzahl muß sich leicht mit einer einfachen Näherungsformel ohne Computereinsatz abschätzen lassen.

c)   Die Kennzahl muß Rückschlüsse auf die Raumlufttemperaturen im Sommer in Abhängigkeit von den verschiedenen Einflußgrößen erlauben.

Zur Ermittlung der Auskühlzeitkonstanten wird mit dem EDV-Programm nach Kap. 7 der Verlauf der Raumlufttemperatur innerhalb einer Auskühlungszeit von 5 Tagen berechnet.

Dabei wird vorausgesetzt, daß vor Beginn der Auskühlung stationäre Verhältnisse herrschen, d.h. die Außenlufttemperatur und die Raumlufttemperatur über ausreichend lange Zeit konstant gehalten werden. Weiterhin wird vorausgesetzt, daß keine Personen und keine sonstigen Wärmequellen im Raum vorhanden sind, daß keine Sonnenstrahlung einwirkt und daß keine zusätzliche Belüftung neben der Lüftung durch die Fensterfugen erfolgt.

Der Beginn der Auskühlung wird durch die Abschaltung der Heizung festgelegt, die für eine konstante Raumlufttemperatur ϑ_R sorgt. Die Außenlufttemperatur ϑ_a wird während des gesamten Betrachtungszeitraumes konstant gehalten, z.B. auf Auslegungstemperatur für die Heizung nach DIN 4701.

Die derart berechnete Auskühlung verläuft in erster Näherung exponentiell. Damit läßt sich die Auskühlzeitkonstante T_{EDV} aus der EDV-Berechnung des zeitlichen Verlaufs der Raumlufttemperatur bestimmen zu:

$$T_{EDV} = \frac{t_2 - t_1}{\ln \dfrac{\vartheta_R(t_1) - \vartheta_a}{\vartheta_R(t_2) - \vartheta_a}} \tag{33}$$

Hierin sind:

t_1, t_2 Zeitpunkt in h nach Abschalten der Heizung, wobei $t_2 > t_1$ ist.

Wendet man diese Gleichung auf die berechneten Verläufe der Raumlufttemperatur während der Auskühlzeit an, so erhält man unterschiedliche Werte für die Auskühlzeitkonstante T_{EDV} je nach Wahl der Zeitpunkte t_1 und t_2, da die Auskühlung nicht nach einer einfachen Exponential-Funktion erfolgt.

Die Entspeicherung der Wände beginnt mit den außenliegenden Wandschichten und wird mit den jeweils weiter innen gelegenen Schichten fortgesetzt. Außerdem entspeichern sich Wände und Wandschichten mit unterschiedlichen Wärmeleitzahlen unterschiedlich schnell. Für die Wahl geeigneter Zeitpunkte für t_1 und t_2 werden die vorgenannten Forderungen b) und c) herangezogen.

Bei der Überprüfung der verschiedenen Möglichkeiten wird zunächst für einen „Basisraum" mit variiertem Wandaufbau ein Zusammenhang zwischen der Auskühlungskonstanten T_{EDV} einerseits und der maximalen Raumlufttemperatur während der Büro-Zeit am 5. Tag einer mittleren sommerlichen Schönwetterperiode gesucht.

Unter der Bezeichnung „Basisraum" ist zu verstehen

ein Raum des Types Mittelraum
mit Außenwand nach Norden orientiert,
mit mittlerer Fenstergröße,
ohne Sonnenschutz und
ohne zusätzliche Lüftung.

Es zeigt sich, daß ein derartiger Zusammenhang in eindeutiger Weise nur dann gegeben war, wenn die Auskühlzeitkonstante aus den ersten 9 bis 15 Stunden der Auskühlung bestimmt

Fußboden:

Schichten von innen nach außen	Schichtdicke s in m	Wärmeleitzahl λ in W/mK	Wärmespeicherzahl $c \cdot \rho$ in kJ/m^{3}K
Typ A			
Teppich	0,006	0,116	1090
Estrich	0,05	2,035	2200
Dämmatte	0,02	0,041	80
Beton	0,18	2,035	2200
Typ B			
PVC, Linoleum	0,006	0,186	1840
Estrich	0,05	2,035	2200
Dämmatte	0,02	0,041	80
Beton	0,18	2,035	2200
Typ C			
Marmor, Fliesen	0,01	3,488	2090
Estrich	0,05	2,035	2200
Dämmatte	0,02	0,041	80
Beton	0,18	2,035	2200

Decke:

Schichten von innen nach außen	Schichtdicke s in m	Wärmeleitzahl λ in W/mK	Wärmespeicherzahl $c \cdot \rho$ in kJ/m^{3}K
Typ A			
Abgehängte Decke	0,02	0,041	80
Luftraum	0,60	2,900	1,2
Beton	0,18	2,035	2200
Dämmatte	0,02	0,041	80
Estrich	0,05	2,035	2200
PVC, Linoleum	0,006	0,186	1840
Typ B			
Beton	0,18	2,035	2200
Dämmatte	0,02	0,041	80
Estrich	0,05	2,035	2200
PVC, Linoleum	0,006	0,186	1840

Innenwand:

Schichten von innen nach außen	Schichtdicke s in m	Wärmeleitzahl λ in W/mK	Wärmespeicherzahl $c \cdot \rho$ in kJ/m^{3}K
Typ A			
Gipskarton	0,015	0,209	500
Dämmatte in tragendem Rahmen	0,07	0,041	80
Gipskarton	0,015	0,209	500
Typ B			
Gipsdiele leicht	0,1	0,291	500
Typ C			
Gasbeton	0,1	0,349	920
Typ D			
Gipsdiele schwer	0,1	0,581	1005

Außenwand:

Schichten von innen nach außen	Schichtdicke s in m	Wärmeleitzahl λ in W/mK	Wärmespeicherzahl $c\cdot\rho$ in kJ/m^{3}K
Typ A			
Holz	0,012	0,140	1200
Luft	0,02	0,122	1,2
Wärmedämmung	0,03	0,041	35
Eternit	0,01	0,349	1005
Typ B			
Putz	0,02	0,872	1505
Leichtbauplatte	0,035	0,047	40
Gasbeton	0,115	0,698	1005
Typ C			
Gasbeton	0,115	0,698	1005
Leichtbauplatte	0,035	0,047	40
Putz	0,02	0,872	1505
Typ D			
Beton	0,1	2,035	2200
Wärmedämmung	0,04	0,041	35
Waschbeton	0,05	2,035	2200

Dach:

Schichten von innen nach außen	Schichtdicke s in m	Wärmeleitzahl λ in W/mK	Wärmespeicherzahl $c\cdot\rho$ in kJ/m^{3}K
Typ A			
Abgehängte Decke	0,02	0,041	85
Luft	0,60	2,900	1,2
Beton	0,18	2,035	2200
Wärmedämmung	0,06	0,041	35
Bimsbeton	0,03	0,349	920
Dachhaut	0,012	0,186	1005
Typ B			
Beton	0,18	2,035	2200
Wärmedämmung	0,06	0,041	35
Bimsbeton	0,03	0,349	920
Dachhaut	0,012	0,186	1005

Tafel 10: Wärmetechnische Daten für die Bauteile

wird, wobei das Minimum der Abweichungen für diesen Zusammenhang bei einer Auskühlzeitkonstanten auftritt, die aus den ersten 11 bis 12 Stunden der Auskühlung berechnet wird.

Daher sind in Gleichung (33) für die Bestimmung der Zeitkonstante T_{EDV} die Werte

$$t_1 = 0\ h\ und$$
$$t_2 = 12\ h$$

einzusetzen.

Den beschriebenen Zusammenhang zwischen Auskühlzeitkonstante T_{EDV} und der maximalen Raumlufttemperatur zeigt das **Bild 33**.

Der straffe Zusammenhang läßt sich wie folgt interpretieren: Räume mit gut wärmespeichernden Wänden besitzen eine große Auskühlzeitkonstante und weisen im Hochsommer niedrigere Werte für die maximale Raumlufttemperatur auf als Räume mit kleiner Auskühlzeitkonstante.

Die nach Gleichung (33) gewonnene Kennzahl T_{EDV} soll nun nach einer Näherungsformel bestimmt werden, die ohne Computereinsatz zu erhalten ist.

Als Kennzahl wird eine wärmetechnische Zeitkonstante nach der Näherungsformel

$$T_W = \frac{\text{wirksame Speicherwärme aller Raumwände}}{\text{stationärer Wärmeverlust des Raumes}} \quad (34)$$

oder

$$T_W = \frac{\sum_i f_i \cdot C_i \cdot A_i}{\sum_j k_j \cdot A_j + c_{pL} \cdot \rho_L \cdot V_L} \quad (35)$$

gewählt.
Hierin ist:

T_W Auskühlzeitkonstante nach Näherungsformel aus den Wanddaten

f_i Reduktionsfaktor für die Wärmespeicherung der einzelnen Raumumschließungswände

C_i Nutzbare Speicherwärme der einzelnen Raumumschließungswände, bezogen auf 1 m^2 Wandoberfläche

A_i Fläche der einzelnen Raumumschließungswände

k_j Wärmedurchgangszahl von Außenwänden, Dach und Fenster

A_j Fläche von Außenwänden, Dach und Fenster

$c_{pL} \cdot \rho_L$ Wärmespeicherzahl der Luft

V_L stündlicher Luftwechsel durch die Fensterfugen.

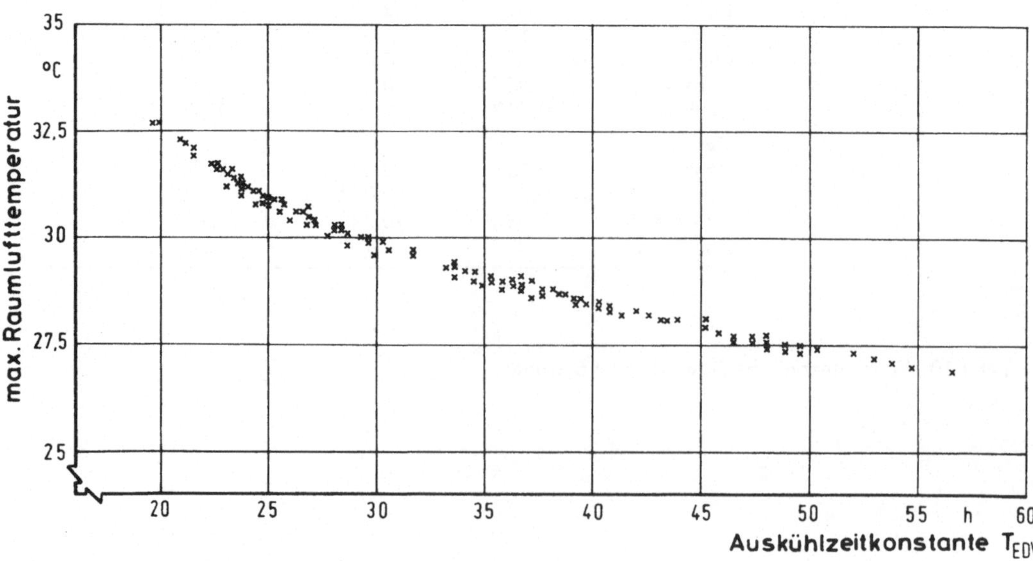

Bild 33: Zusammenhang zwischen maximaler Raumlufttemperatur am 5. Tag einer mittleren sommerlichen Schönwetterperiode und der Auskühlzeitkonstante T_{EDV} für den Basisraum

Um den gesuchten Zusammenhang zu erhalten, können die Größen f_i und C_i variiert werden, während die anderen Größen in Gleichung (35) vorgegeben sind.

Ein geeigneter Zusammenhang läßt sich für folgende Definitionen von C_i und f_i finden:

$$C_i = \sum_k C_k = \sum_k c_k \cdot \rho_k \cdot s_k \qquad (36)$$

Darin bedeuten:

$c_k \cdot \rho_k$ Wärmespeicherzahl der einzelnen Wandschichten

s_k Dicke der einzelnen Wandschichten

Für Wände, die an andere Räume grenzen, also Innenwände, Fußboden und Decke, ist die Speicherwärme C_i nach folgenden Kriterien zu bestimmen:
— bei Wänden ohne Zwischenisolierung **bis zur halben Wandstärke,**
— bei Wänden mit Zwischenisolierung **bis zur Mitte der Zwischenisolierung.**

Für Außenwände ist die Speicherfähigkeit C_i wie folgt zu berechnen:
— bei Wänden ohne Wärmeisolierschicht **bis zur halben Wandstärke,**
— bei Wänden mit Wärmeisolierschicht **bis zur Hälfte der innenliegenden Wandschichten vor der Isolierung.**

Dächer sind wie Innenwände zu behandeln, wobei eine etwaige Oberflächeninnenisolierung

(neben der Berücksichtigung durch f_i) durch einen Abschlag von bis zu 10 % berücksichtigt werden muß.

$$f_i = f\left(\sum_k \frac{1}{\Lambda_k}\right) = f\left(\sum_k \frac{s_k}{\lambda_k}\right) \qquad (37)$$

Darin bedeuten:

$\dfrac{1}{\Lambda_k}$ Wärmedurchlaßwiderstand der einzelnen Wandschichten

s_k Dicke der einzelnen Wandschichten

λ_k Wärmeleitzahl der einzelnen Wandschichten

Die Summe der Wärmedurchlaßwiderstände ist zu bilden bis zur Mitte der letzten wärmespeichernden Teilschicht, die noch zur Bestimmung von C_i herangezogen wird, d.h.
— bei Wänden ohne Isolierschicht **bis zu einem Viertel der Wandstärke,**
— bei Innenwänden mit Zwischenisolierung **bis zur Mitte der letzten wärmespeichernden Schicht** vor der Zwischenisolierung,
— bei Außenwänden mit Wärmeisolierschicht **bis zu einem Viertel der letzten wärmespeichernden Schicht** vor der Wärmeisolierung.

Den Zusammenhang zwischen dem Reduktionsfaktor für die Wärmespeicherung f_i und der nach Gleichung (37) gebildeten Summe der Wärmedurchlaßwiderstände zeigt **Bild 34.**

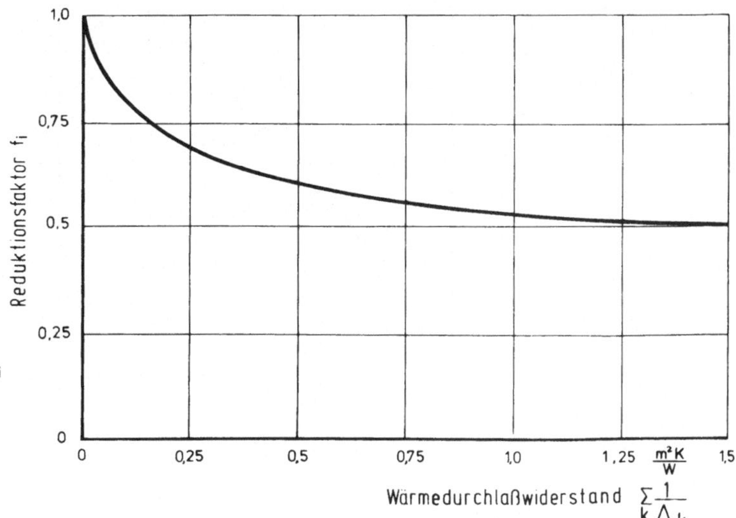

Bild 34: Reduktionsfaktor f_i für die Wärmespeicherung zur Bestimmung der Auskühlzeitkonstanten von Räumen

Bild 35 zeigt den Vergleich zwischen der Auskühlzeitkonstanten T_{EDV}, die aus dem berechneten Temperaturverlauf bei der Auskühlung des Raumes ermittelt ist, mit der Auskühlzeitkonstanten T_W nach der Näherungsgleichung (35) für den Basisraum bei unterschiedlichem Aufbau der Wände, des Fußbodens und der Decke. Es ist ein straffer linearer Zusammenhang vorhanden.

Für Räume, die hinsichtlich des Raumtypes (MR, DMR, ER, DER) sowie der Fenstergröße vom Basisraum abweichen, ergibt sich eine Parallelverschiebung der Geraden nach

Bild 35.

In allgemeiner Form läßt sich der Zusammenhang zwischen T_{EDV} und T_W wie folgt darstellen:

$$T_W = T_{W_o} + 1,15\, T_{EDV} \qquad (38)$$

Der Konstantanteil
$$T_{W_o}$$
läßt sich als Funktion des stationären Wärmeverlustes Q_{AB} des jeweiligen Raumes je Grad Temperaturunterschied zwischen Raumluft und

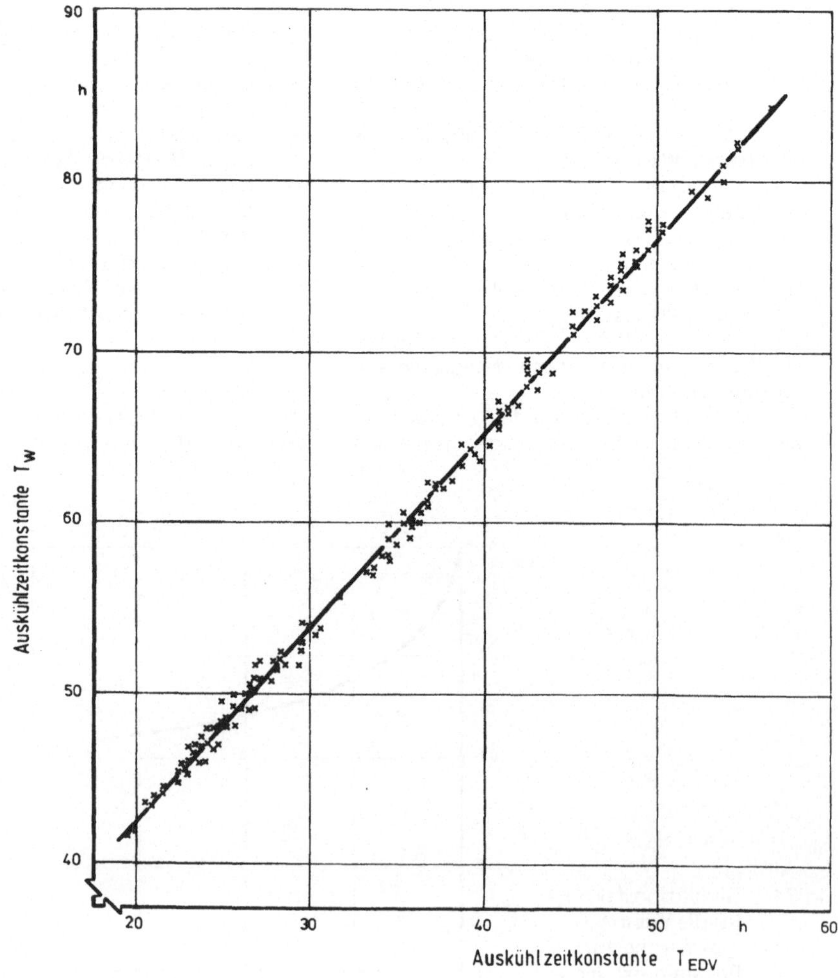

Bild 35:   Vergleich der Auskühlzeitkonstanten (Mittelraum; Fenstergröße 4,8 m²)

Außenluft bestimmen (siehe **Bild 36**). Um bezogene Größen zu erhalten, ist der stationäre Wärmeverlust Q_{AB} auch auf die Fußbodenfläche A_{Fb} bezogen angegeben.

Da somit eine Umrechnung zwischen T_{EDV} und T_W möglich ist, wird im folgenden daher nur noch die Auskühlzeitkonstante T_W nach der Näherungsformel (35) verwendet.

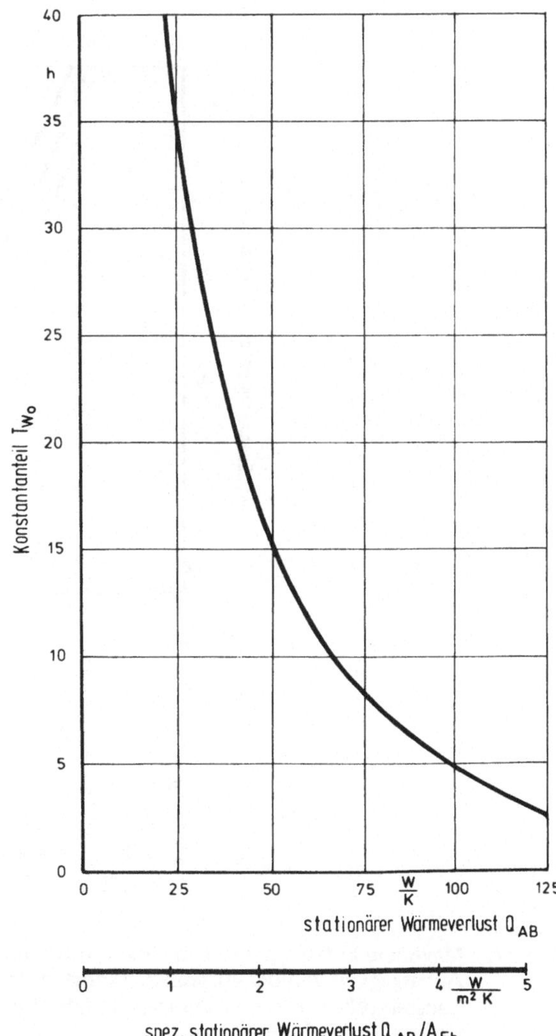

Bild 36:   **Konstantanteil der Auskühlzeitkonstanten, abhängig vom stationären Wärmeverlust**

8.1.3 Zusammenhang zwischen der Lufttemperatur in einem Raum ohne direkte Sonneneinstrahlung und der Auskühlzeitkonstanten

Wie bereits in Bild 33 gezeigt, ist zwischen der maximalen Lufttemperatur in einem Nordraum und der Auskühlzeitkonstanten ein enger Zusammenhang vorhanden.

Da der Temperaturgang im Nordraum nicht von der direkten Sonneneinstrahlung und den damit zusammenhängenden möglichen Sonnenschutzmaßnahmen beeinflußt wird, eignet sich der Nordraum als Bezugsgröße für die Bestimmung der maximalen Raumlufttemperatur.

In **Bild 37** sind daher für alle untersuchten Raumtypen nach Kap. 8.1.1 die zu erwartenden maximalen Lufttemperaturen in einem Nordraum für eine mittlere und eine extreme sommerliche Schönwetterperiode in Abhängigkeit von der Auskühlzeitkonstanten T_W und der Fenstergröße angegeben. Dabei ist nur der Mindestluftwechsel durch die Fensterfugen berücksichtigt.

Die eingezeichneten Kurvenverläufe sind aus den Ergebnissen von EDV-Berechnungen entsprechend dem in Kap. 7 beschriebenen Programm gewonnen, wobei die einzelnen Einflußgrößen über die gesamten in Kap. 8.1.1 angegebenen Bereiche variiert sind.

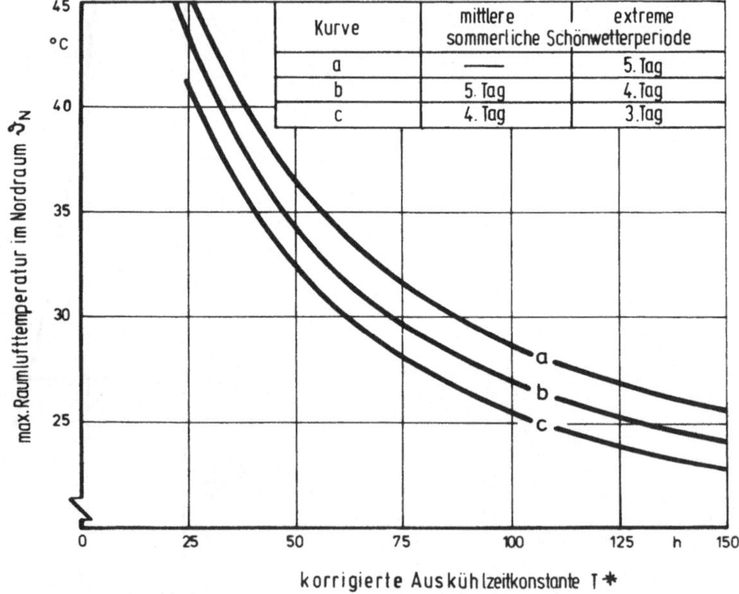

Kurve	mittlere	extreme
	sommerliche Schönwetterperiode	
a	—	5. Tag
b	5. Tag	4. Tag
c	4. Tag	3. Tag

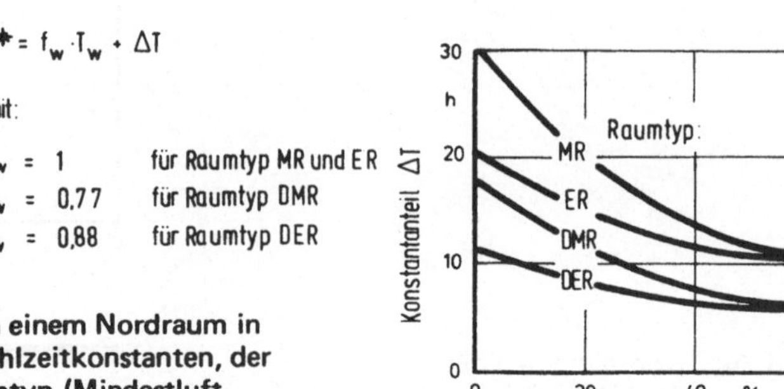

$$T^* = f_w \cdot T_w + \Delta T$$

mit:

$f_w = 1$ für Raumtyp MR und ER

$f_w = 0{,}77$ für Raumtyp DMR

$f_w = 0{,}88$ für Raumtyp DER

Bild 37: **Maximale Lufttemperatur in einem Nordraum in Abhängigkeit von der Auskühlzeitkonstanten, der Fenstergröße und dem Raumtyp (Mindestluftwechsel durch Fensterfugen)**

Wie aus Bild 37 zu entnehmen ist, sind die zu erwartenden maximalen Lufttemperaturen am 5. Tag einer mittleren Schönwetterperiode gleich hoch wie am 4. Tag einer extremen Schönwetterperiode.

Um für alle Raumtypen und Fenstergrößen einen gemeinsamen Zusammenhang zwischen maximaler Raumlufttemperatur im Nordraum und Auskühlzeitkonstanten zu erhalten, muß aus der Zeitkonstanten T_W nach Gleichung (35) eine korrigierte Auskühlzeitkonstante T^* abgeleitet werden:

$$T^* = f_W \cdot T_W + \Delta T \text{ in h} \qquad (39)$$

mit:

f_W: Korrekturfaktor für T_W zur Berücksichtigung des Raumtyps.

f_W = 1   für Mittelraum (MR) und Eckraum (ER)

f_W = 0,77   für Dachmittelraum (DMR)

f_W = 0,88   für Dacheckraum (DER)

ΔT: Konstantanteil in h in Abhängigkeit des Raumtyps und der spezifischen Fenstergröße a_{Fe}.

Der Wert ΔT kann nach Bild 37 bestimmt werden.

Dabei ist die spezifische Fenstergröße a_{Fe} definiert als:

$$a_{Fe} = \frac{A_{Fe} \cdot g}{A_{Fb}} \qquad (40)$$

mit:

A_{Fe} Fensterfläche (Rohbaumaß)

g Glasanteil an der Fensterfläche

A_{Fb} Fußbodenfläche

Die Fensterfläche ist auf die Fußbodenfläche bezogen, um die Ergebnisse auf Räume mit anderen Abmessungen übertragen zu können. Die Einführung des Glasanteils g an der Fensterfläche ist notwendig, da die Sonnenstrahlung durch das Fenster nur durch die Glasfläche geht. Mit zunehmender Fenstergröße reduziert sich die korrigierte Auskühlzeitkonstante T^*, da infolge der größeren (diffusen) Sonnenstrahlung in Räumen gleicher Auskühlzeitkonstanten T_W höhere maximale Lufttemperaturen zu erwarten sind.

Weiterhin reduziert sich die korrigierte Auskühlzeitkonstante T^* bei Eckräumen und Dachräumen gegenüber einem Mittelraum gleicher Zeitkonstante T_W, da über die zusätzlichen Außenflächen zusätzlich Wärme aus direkter und diffuser Sonnenstrahlung in den Raum gelangt.

Die in Bild 37 angegebenen maximalen Raumlufttemperaturen in einem Nordraum treten nur dann auf, wenn die Fenster geschlossen bleiben. Dies ist jedoch unrealistisch, da üblicherweise die Fenster geöffnet werden, wenn während der Verkehrszeit die Temperatur der Raumluft die Temperatur der Außenluft überschreitet. Die hierdurch mögliche Verminderung der Raumlufttemperatur wird in Kap. 8.1.4 behandelt.

Die Werte nach Bild 37 stellen Basiswerte für einen Raum bei Vorgabe des Raumtyps, der Bauweise und der Fenstergröße dar, aus denen sich der Einfluß der direkten Sonneneinstrahlung, der Sonnenschutzmaßnahmen und zusätzlicher Lüftung ableiten lassen.

8.1.4 Einfluß von Sonnenstrahlung und Zusatzlüftung auf die maximale Raumlufttemperatur

Ausgehend von den Ergebnissen für den Zusammenhang zwischen der maximal zu erwartenden Raumlufttemperatur in einem Nordraum und der Auskühlzeitkonstanten als Maßgröße für die Bauweise aus wärmetechnischer Sicht sollen die weiteren Einflußgrößen untersucht werden:
— Himmelsrichtung der Außenwand
— Sonnenschutz
— zusätzliche Lüftung.
Hierbei bleiben die bereits angesprochenen Parameter
— Bauweise
— Fenstergröße und
— Raumtyp
weiterhin in die Betrachtung mit einbezogen.

Der Einfluß der Himmelsrichtung auf die maximalen Raumtemperaturen in einer sommerlichen Schönwetterperiode ist in **Bild 38** für einen Mittelraum mit mittlerer Fenstergröße dargestellt. Um andere Störgrößen zu eliminieren, ist kein Sonnenschutz und keine zusätzliche Lüftung durch die Fenster vorgesehen. Die Ergebnisse für Leichtbauweise und Schwerbauweise werden getrennt angegeben. Weiterhin wird unterschieden nach der Maximaltemperatur während der Bürozeit und der maximalen Temperatur am ganzen Tag, wenn diese außerhalb der Bürozeit erreicht wird.

Aus Bild 38 sind folgende Erkenntnisse abzuleiten:

a) Der Nordraum weist den niedrigsten Tageshöchstwert der Raumlufttemperatur auf, da er keiner direkten Sonnenstrahlung ausgesetzt ist.

b) Die höchste Maximaltemperatur erreicht der Raum mit einer Außenwand, die nach West-Süd-West orientiert ist.

c) Die Tageshöchsttemperaturen treten in Räumen mit Außenwänden, die nach den Himmelsrichtungen zwischen SW, W, NW und N orientiert sind, außerhalb der Bürozeit auf.

d) Abhängig von der Himmelsrichtung gibt es zwei Maxima für die Tageshöchsttemperaturen während der Bürozeit, nämlich für Süd-Westräume und Süd-Osträume. Der Unterschied zwischen diesen beiden Extremwerten ist abhängig von der Bauweise. Er ist bei Schwerbauweise gleich Null. Bei Leichtbauweise liegt das Süd-West-Maximum etwas über dem Süd-Ost-Maximum.

e) Bei Räumen mit Außenwänden nach Süd-Süd-Ost tritt ein lokales Minimum für den Tageshöchstwert der Raumluft auf.

f) Die Tageshöchstwerte während der Bürozeit sind für die Haupthimmelsrichtungen

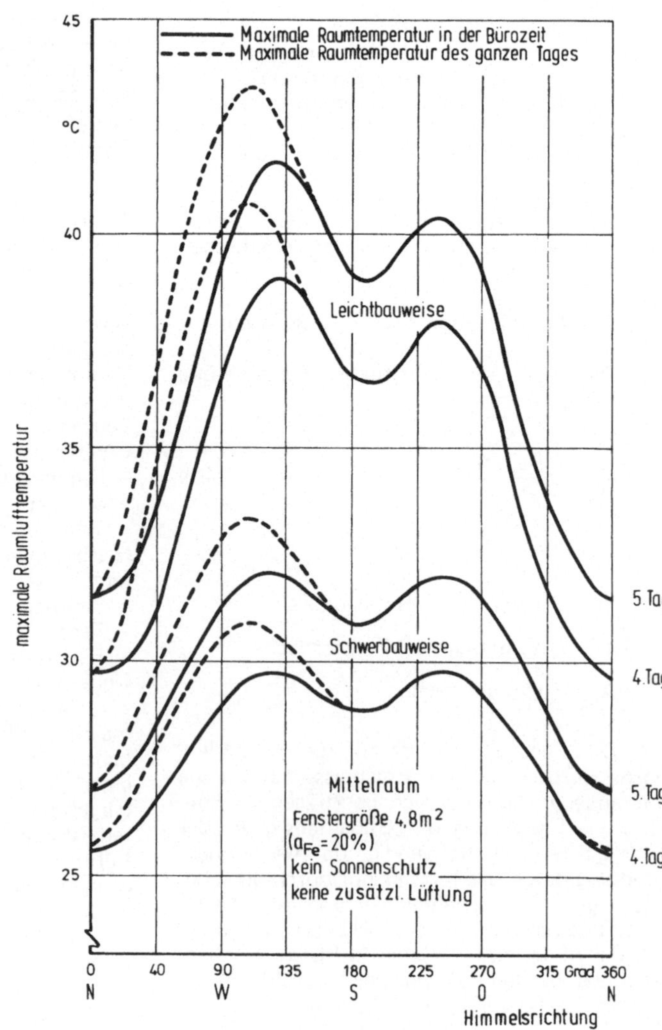

Bild 38:
Einfluß der Himmelsrichtung der Außenwand auf den Tageshöchstwert der Raumtemperaturen während einer mittleren sommerlichen Schönwetterperiode

mit direkter Sonnenstrahlung — nämlich West, Süd und Ost — nahezu gleich.
Aus diesem Grund werden die Temperaturwerte für diese Himmelsrichtungen gemeinsam zu dem Wert ϑ_{WSO} zusammengefaßt. Aussagen für die Zwischenhimmelsrichtungen können dann anhand Bild 38 abgeleitet werden.

Eine Herleitung der maximalen Raumlufttemperatur in Nordräumen in Abhängigkeit der Bauweise (Auskühlzeitkonstanten), der Fenstergröße und des Raumtypes ist bereits in Kap. 8.1.3 vorgenommen. Es soll nun versucht werden, hiervon auf die entsprechenden Temperaturen in Räumen mit direkter Sonnenbestrahlung zu schließen.

Deshalb ist in **Bild 39** der Zusammenhang zwischen der Maximaltemperatur ϑ_{WSO} in West-, Süd- und Osträumen und der Maximaltemperatur ϑ_N in einem Nordraum für den bereits in Bild 39 verwendeten Mittelraum aufgezeigt. Man erkennt die sehr straffe lineare Abhängigkeit, unabhängig von der Bauweise, so daß sehr einfach von der Temperatur in Nordräumen auf die Temperatur in den sonstigen Räumen geschlossen werden kann.

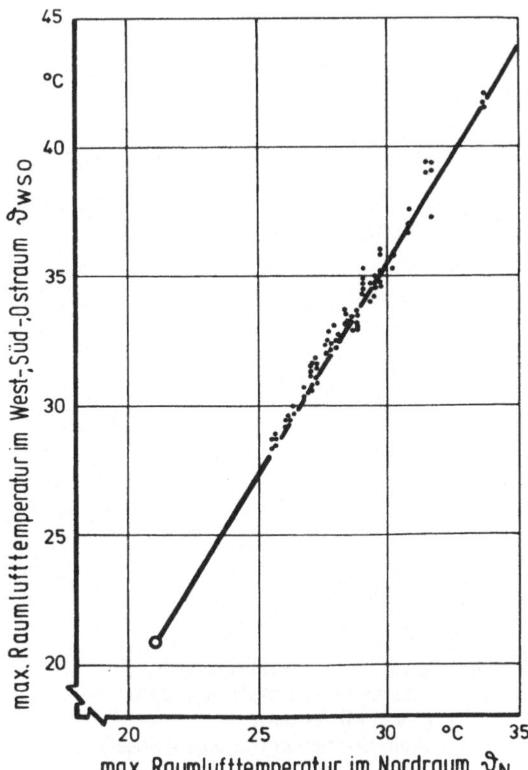

Bild 39: **Maximale Raumlufttemperatur in einem Mittelraum mit der Fenstergröße 4,8 m² (a_{Fe} = 20 %) in Abhängigkeit von der Temperatur im Nordraum (kein Sonnenschutz, keine zusätzliche Lüftung)**

Einfluß auf diese Abhängigkeit hat die Größe des Fensters, da mit zunehmender Fenstergröße mehr Sonneneinstrahlung in den Raum kommt und dieser sich daher stärker aufheizt. Die Relationen können aus **Bild 40** für einen Mittelraum entnommen werden. Danach errechnet sich die maximale Raumlufttemperatur ϑ_{WSO} für West-, Süd- und Ost-Mittelräume unter der Voraussetzung, daß kein Sonnenschutz vorhanden ist und keine zusätzliche Lüftung vorgenommen wird, zu:

$$\vartheta_{WSO} = \vartheta_o + 1{,}56 \, (\vartheta_N - \vartheta_o) \cdot f_{Fe} \qquad (41)$$

mit:

ϑ_o = Ausgangswert für die normale Raumlufttemperatur, hier $\vartheta_o = 21\,°C$;

f_{Fe} = Korrekturfaktor für den Einfluß der Fenstergröße

Die Größe für den Korrekturfaktor f_{Fe} als Funktion der Fenstergröße a_{Fe} — siehe Gleichung (40) — ist in Bild 40 unten dargestellt. Er läßt sich auch gleichungsmäßig bestimmen zu:

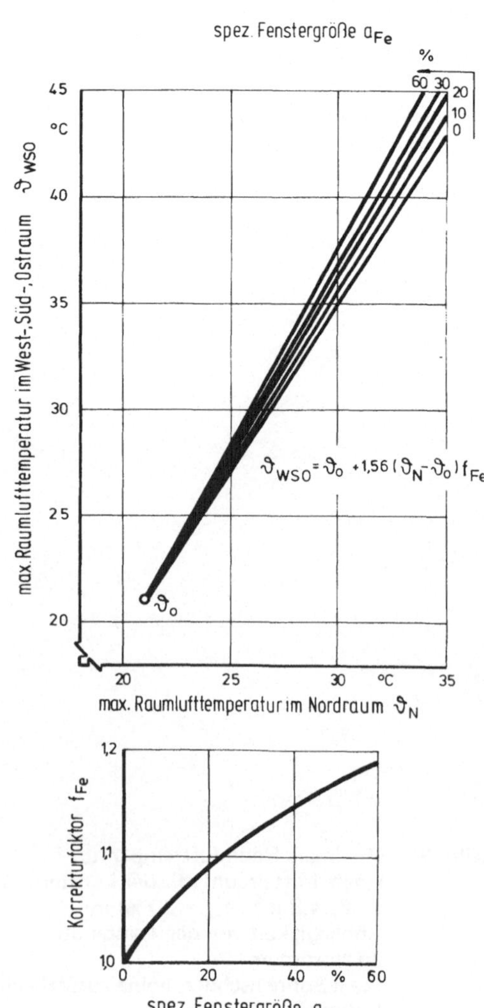

Bild 40:   **Einfluß der Fenstergröße auf die maximale Raumlufttemperatur in einem Mittelraum (kein Sonnenschutz, keine zusätzliche Lüftung)**

$$f_{Fe} = 1,0 + 0,45\, a_{Fe} - 0,22\, a_{Fe}^{2} \qquad (42)$$

Es sei nochmals darauf hingewiesen, daß die Bauweise keinen Einfluß auf diese Zusammenhänge hat. Dagegen spielen selbstverständlich die möglichen Sonnenschutzmaßnahmen eine erhebliche Rolle. Dies wird aus **Bild 41** deutlich, in dem für den Mittelraum mit mittlerer Fenstergröße der Parameter Sonnenschutz untersucht wird (ohne zusätzliche Lüftung). Entsprechend den im Kap. 8.1.1 beschriebenen Maßnahmen werden vier Fälle unterschieden:

a)   Ohne Sonnenschutz
b)   Sonnenschutz durch Balkon
c)   Sonnenschutz durch Innenjalousien
d)   Sonnenschutz durch Außenjalousien.

Wie zu erwarten, haben die Außenjalousien den höchsten Effekt. Die maximalen Temperaturen unterscheiden sich kaum von denen in Nordräumen, sie liegen sogar rechnerisch etwas darunter, da die Jalousien auch die diffuse Einstrahlung erheblich reduzieren.

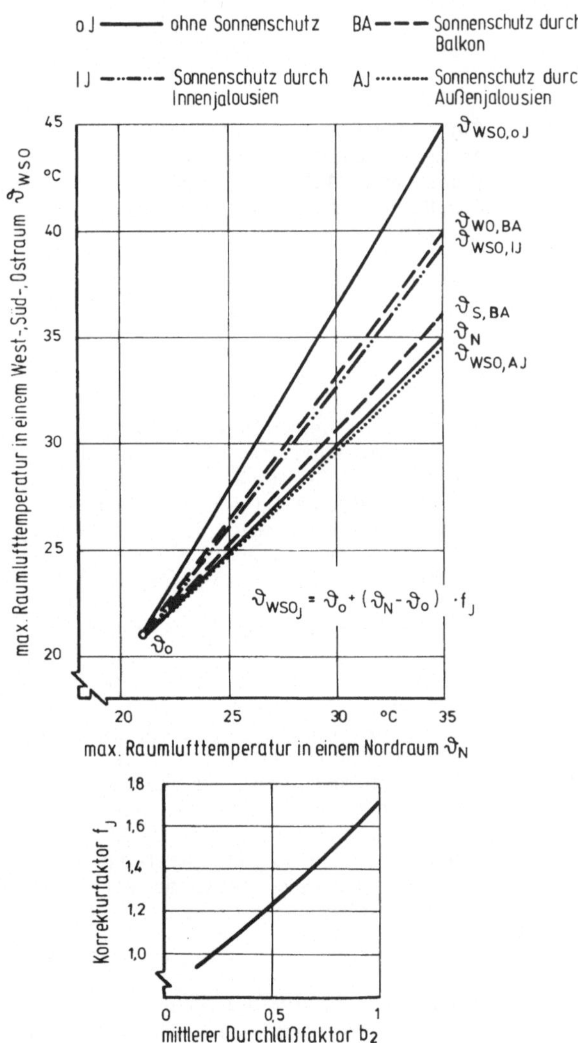

Bild 41:   Einfluß des Sonnenschutzes auf die maximale Raumlufttemperatur in einem Mittelraum (Fenstergröße 4,8 m², a_{Fe} = 20 %, keine zusätzliche Lüftung)

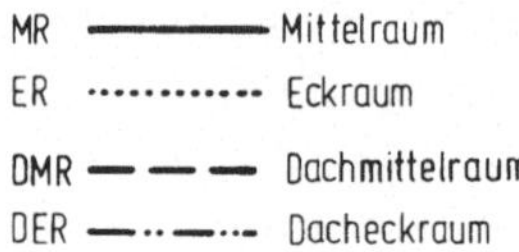

Bild 42: Einfluß des Raumtyps auf die maximale Raumlufttemperatur (Fenstergröße 4,8 m², a_{Fe} = 20 %, kein Sonnenschutz, keine zusätzliche Lüftung)

Sonnenschutz durch einen Balkon (Fluchtbalkon) ist in seiner Wirkung stark abhängig von der Himmelsrichtung der Außenwand.

— Bei Südräumen ($\vartheta_{S,BA}$) ist die Beschattung von Außenwand und Fenster durch den Balkon sehr wirksam, weil die Sommersonne während des Tages einen hohen Zenith durchläuft.

— Bei West- und Osträumen ($\vartheta_{WO,BA}$) ist die Beschattung weit weniger wirksam, da hier die Morgen- bzw. Nachmittagssonne mit ihrem niedrigen Stand einwirkt.

Bei Räumen mit Sonnenschutz durch Innenjalousien liegen die Maximaltemperaturen für die Himmelsrichtungen West, Süd und Ost ebenso eng beieinander wie bei Räumen ohne Sonnenschutz, so daß auch sie zusammengefaßt werden können. Die Innenjalousien wirken auf die Maximaltemperatur etwa gleich wie der Balkon bei West- und Osträumen.

Die Maximaltemperatur

$$\vartheta_{WSO_J}$$

in einem Mittelraum mit mittlerer Fenstergröße läßt sich abhängig von der Art der Jalousien wie folgt aus der Temperatur im Nordraum ϑ_N bestimmen (keine zusätzliche Lüftung):

$$\vartheta_{WSO_J} = \vartheta_0 + (\vartheta_N - \vartheta_0) \cdot f_J \qquad (43)$$

mit:

f_J = Korrekturfaktor für den Sonnenschutz.

Der Korrekturfaktor f_J ist in Bild 41 unten als Funktion des mittleren Durchlaßfaktors b_2 des Sonnenschutzes für die Sonnenstrahlung angegeben. Er läßt sich auch bestimmen aus:

$$f_J = 0,83 + 0,72 \, b_2 + 0,15 \, b_2^2 \qquad (44)$$

Zu den bereits genannten beiden Einflußgrößen Fenstergröße und Sonnenschutz tritt als weiterer Parameter der Raumtyp.

Wie in Abschnitt 8.1.3 gezeigt, steigen die maximalen Raumlufttemperaturen in Nordräumen an, wenn man bei gleicher Auskühlzeitkonstanten (Bauweise) von einem Mittelraum auf einen Eckraum, einen Dachmittelraum und einen Dacheckraum übergeht. Als Gründe sind in

Kap. 8.1.3 die zusätzlichen Außenflächen genannt, die von der Sonne beschienen werden.

Die direkte Sonnenstrahlung durch die Fenster ist jedoch bei West-, Süd- und Osträumen in ihrem Betrag und damit ihrer Wirkung unabhängig vom Raumtyp.

Deshalb besteht für die vier Raumtypen ein unterschiedlicher Zusammenhang zwischen den Temperaturen in West-, Süd- und Osträumen und den Temperaturen in Nordräumen. Aufschluß hierüber gibt für die mittlere Fenstergröße **Bild 42**, wobei wegen der Vergleichbarkeit wiederum kein Sonnenschutz und keine zusätzliche Lüftung vorgesehen ist.

Durch Vergleich der Ergebnisse aus Bild 42 mit den Werten aus Bild 37, bei dem u.a. der Einfluß des Raumtyps auf die maximale Lufttemperatur in einem Nordraum dargestellt ist, läßt sich ableiten, daß der Raumtyp auf die Maximaltemperaturen in West-, Süd- und Osträumen bei gleicher Auskühlzeitkonstanten T_W (gleiche Bauweise) fast keinen Einfluß hat. Geht man z.B. von einer maximalen Raumtemperatur ϑ_{WSO} von 35 °C (unter den in Bild 42 gemachten Voraussetzungen) aus, so weist die Temperatur ϑ_N im Mittelraum einen Wert von 29,2 °C und im Dacheckraum von 31 °C auf. Die korrigierte Zeitkonstante T^* beträgt nach Bild 37 Kurve b (5. Tag einer mittleren Schönwetterperiode) für den Mittelraum ca. 80 h und für den Dacheckraum ca. 65 h. Rechnet man T^* auf die Auskühlzeitkonstante T_W um, so erhält man für den Mittelraum einen Wert von 60 h und für den Dacheckraum einen nur wenig höheren Wert von 65 h.

Der Raumtyp hat demnach bei gleicher Bauweise kaum Einfluß auf die Temperaturen in West-, Süd- und Osträumen.

Ist die Außentemperatur niedriger als die Raumlufttemperatur, so kann durch zusätzliche Lüftung durch die Fenster die maximale Raumlufttemperatur insbesondere bei Leichtbauweise z.T. erheblich gesenkt werden. Noch wirkungsvoller ist eine zusätzliche Lüftung während der Nachtzeit, die jedoch zumindest in Büroräumen im allgemeinen nicht durch Fensteröffnen möglich ist, sondern durch eine Zwangslüftung erfolgen muß.

Die Ursachen für die höhere Wirkung der Nachtlüftung gegenüber der Taglüftung sind:

a) die Nachtlüftung kann länger wirken (16 Stunden gegenüber 8 Stunden bei der Taglüftung),

b) die Nachtlüftung ist im Sommer länger eingeschaltet, da die Außenlufttemperatur ab dem frühen Abend niedriger ist als die Raumlufttemperatur, und

c) die Nachtlüftung arbeitet mit einem größeren Temperaturgefälle zwischen Außen- und Raumlufttemperatur.

Der Einfluß der Lüftung auf die maximale Raumtemperatur ist für einen Mittelraum mit mittlerer Fenstergröße (kein Sonnenschutz) in **Bild 43** dargestellt. Insbesondere die hohen Temperaturen, die bei Leichtbauweise auftreten, können durch die zusätzliche Lüftung gesenkt werden. Dies gilt vor allem für Räume mit direkter Sonnenstrahlung.

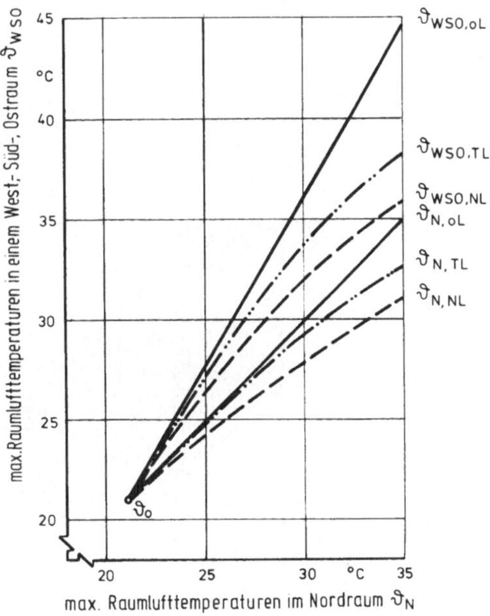

Bild 43: **Einfluß der Lüftung auf die maximale Raumlufttemperatur in einem Mittelraum** (Fenstergröße 4,8 m^2, $a_{Fe} = 20\%$, kein Sonnenschutz)

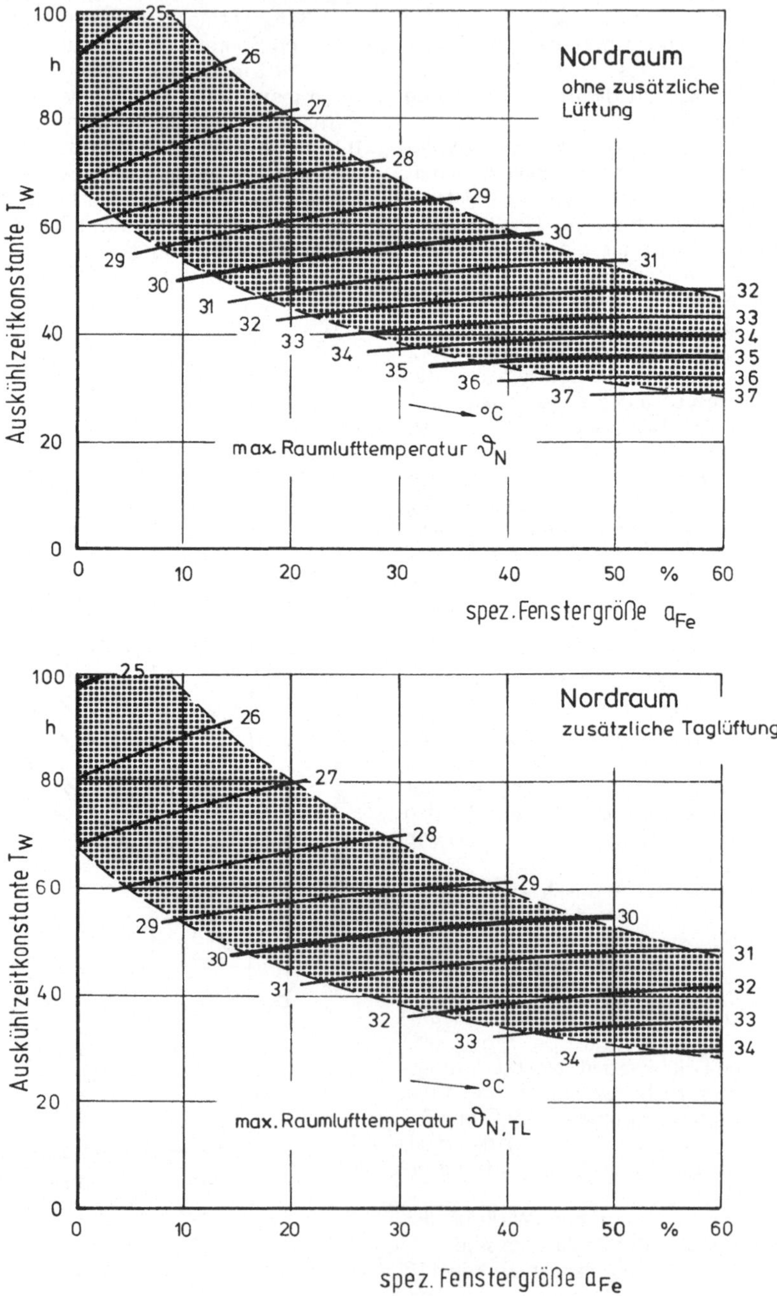

Bild 44:   Erforderliche Auskühlzeitkonstante T_W in Abhängigkeit von der Fenstergröße und der maximal zugelassenen Raumlufttemperatur in einem Nordraum (Mittelraum, 5. Tag einer mittleren sommerlichen Schönwetterperiode)

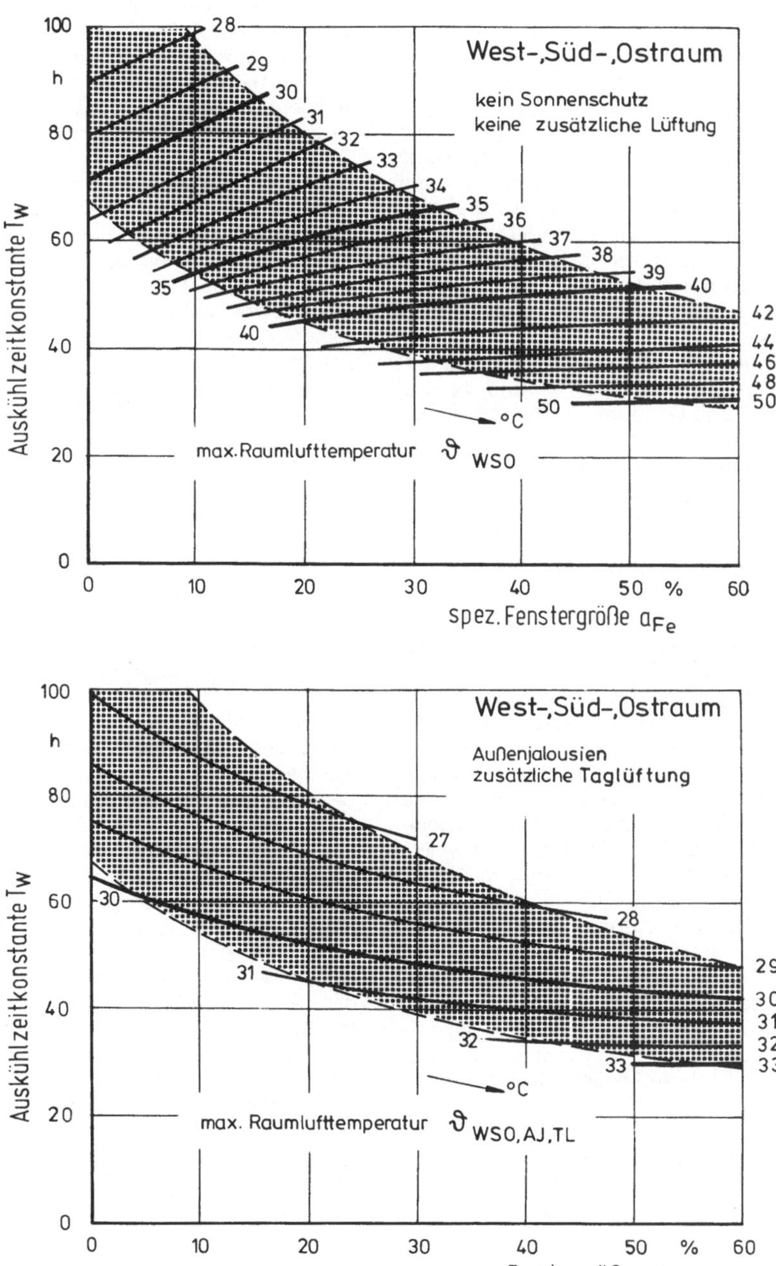

Bild 45:   Erforderliche Auskühlzeitkonstante T_W in Abhängigkeit von der Fenstergröße und der maximal zugelassenen Raumlufttemperatur in einem West-, Süd-, Ostraum (Mittelraum, 5. Tag einer mittleren sommerlichen Schönwetterperiode)

Die einzelnen Einflußgrößen auf die maximale Raumlufttemperatur in einer sommerlichen Schönwetterperiode, deren Auswirkungen der besseren Übersicht halber bisher z.T. einzeln betrachtet wurden, müssen natürlich für die praktische Anwendung überlagert werden. Auch stellt sich meist nicht die Frage nach der Höhe der Raumlufttemperaturen bei einer bestimmten Bauweise unter Berücksichtigung der Fenstergröße und des Sonnenschutzes. Vielmehr kann man aus der Festlegung des Höchstwertes für die Raumlufttemperaturen die notwendige Auskühlzeitkonstante und damit die erforderliche Bauweise ermitteln.

Hierzu eignen sich insbesondere Darstellungen, wie sie für Nordräume in **Bild 44** und für West-, Süd- und Osträume in **Bild 45** gezeigt werden. Es lassen sich bei gegebener Fenstergröße und maximal zugelassener Raumlufttemperatur sofort die erforderliche Auskühlzeitkonstante ablesen, wobei gleichzeitig die Veränderungen durch zusätzliche Lüftung und durch einen Sonnenschutz direkt einbezogen werden können.

In diesen beiden Bildern ist zudem der Bereich der untersuchten Alternativen hinsichtlich Auskühlzeitkonstanten T_W und spezifischer Fenstergröße a_{Fe} angegeben. Dieser Bereich wird von zwei gestrichelten Kurven begrenzt. Sie geben Auskunft darüber, wie sich die Auskühlzeitkonstante eines bestimmten Raumes in Abhängigkeit von der Fenstergröße ändert. Die untere Linie gilt dabei für den Raum in Leichtbauweise und die obere für den Raum in Schwerbauweise.

Bei den Isothermen für die maximale Raumlufttemperatur zeigt sich ein charakteristischer Unterschied im Kurvenlauf. Die Kurven für die Räume mit direkter Sonnenstrahlung zeigen bei Außenjalousien ein Gefälle zu höheren Werten der spezifischen Fensterfläche hin, während alle anderen Kurven eine Steigung aufweisen. Dies zeigt, daß sich Fenster mit einem Sonnenschutz durch Außenjalousien, die einen sehr geringen mittleren Durchlaßfaktor b_2 von 0,2 aufweisen, bereits stark dem Verhalten von Wänden annähern, da der Verlauf der Isothermen fast parallel zu den gestrichelten Kurven ist,

deren obere den Bereich der untersuchten Bauweise mit der Schwerbauweise und deren untere mit der Leichtbauweise begrenzen.

Auskunft über den Gang der Raumlufttemperatur während eines Tages gibt **Bild 46,** in dem von denselben Voraussetzungen wie in Bild 44 und 45 ausgegangen wird. In Räumen ohne Sonnenschutz wird dabei der erhebliche Unterschied zwischen dem Nordraum und den Räumen mit direkter Sonnenstrahlung deutlich, der insbesondere bei der Leichtbauweise ausgeprägt ist.

Obwohl während der Bürozeit die Maximaltemperaturen in West-, Süd- und Osträumen nahezu gleich sind, weicht jedoch der Zeitgang erheblich voneinander ab.

Ungünstig ist vor allem beim Ostraum das sehr starke Ansteigen der Raumtemperatur am Morgen, da zu dieser Zeit die Außenluft noch relativ kühl ist. Dadurch besteht aber auch die Möglichkeit, durch Fensteröffnen am Morgen das Ansteigen der Raumlufttemperatur stark zu mindern. Dies läßt sich zusätzlich durch Sonnenschutzmaßnahmen noch verstärken.

Durch den Einsatz von Außenjalousien unterscheiden sich die Temperaturgänge in Räumen unterschiedlicher Himmelsrichtungen kaum noch.

Ganz deutlich wird auch der Einfluß der Bauweise. Selbst ohne Sonnenschutz liegen die Temperaturen in Räumen mit Schwerbauweise bei mittlerer Fenstergröße kaum über der Außenlufttemperatur von max. 32 °C.

Zusammenfassend zeigen die vorangegangenen Untersuchungen, daß keine der untersuchten Einflußgrößen in ihrer Auswirkung auf die Raumlufttemperatur vernachlässigt werden kann. Neben den untersuchten Einflußgrößen sind außerdem noch weitere Einflüsse vorhanden, wie z.B. Wärmequellen im Raum, die jedoch hier nicht einbezogen werden sollen.

Die einzelnen Einflüsse können nicht getrennt voneinander gesehen werden, sondern sind immer in ihrem Zusammenhang mit den anderen Einflüssen zu betrachten. Dies zeigt sich besonders beim Sonnenschutz und bei einer zusätzlichen Lüftung, z.B. durch Fensteröffnen oder durch eine Lüftungsanlage.

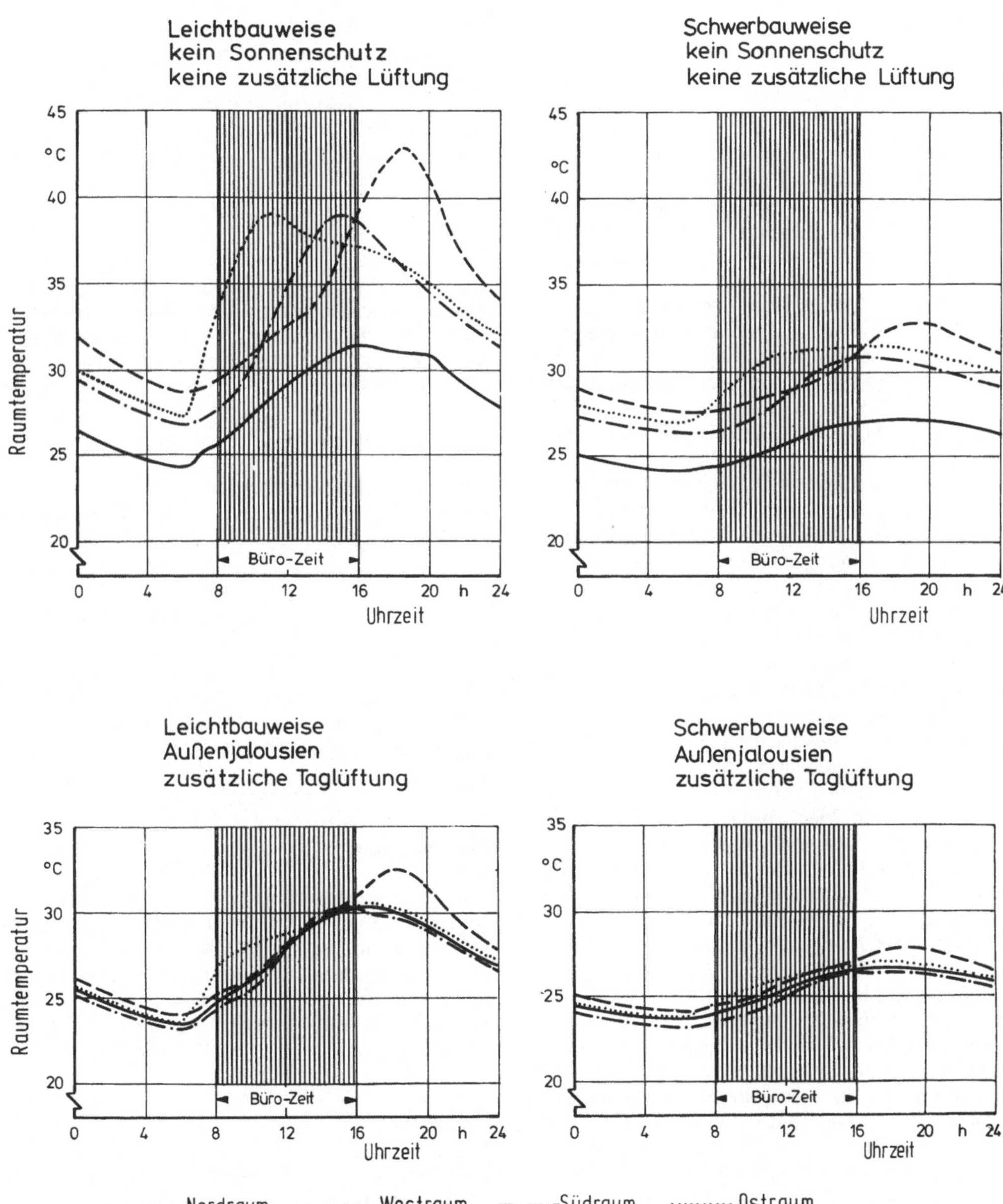

Bild 46: Temperaturgang der Raumluft am 5. Tag einer mittleren sommerlichen Schönwetterperiode (Mittelraum, Fenstergröße 4,8 m^2, a_{Fe} = 20 %)

8.2 Einfluß von Bauweise und Versorgungssystem auf den Leistungs- und Energiebedarf bei Klimatisierung

Die vorangegangenen Betrachtungen in Kap. 8.1 über den Einfluß der Bauweise auf die Raumlufttemperaturen können u.a. auch zur Beantwortung der Frage dienen, unter welchen Bedingungen eine Klimatisierung vermeidbar erscheint.

Für die Frage der Notwendigkeit einer Klimatisierung sind jedoch nicht allein die außen- und raumklimatischen Verhältnisse zu berücksichtigen; denn bei großen Büro- und Geschäftsbauten machen meist hohe Flächenanteile der Innenzonen, hohe Beleuchtungsstärke und notwendige Betriebszeiten der Beleuchtung sowie die Dichte und tägliche Dauer der Belegung mit Personen und maschinellen Anlagen, nicht zuletzt auch die zunehmende Luftverschmutzung und Lärmbelästigungen von außen eine Klimatisierung unumgänglich /42/.

Die Klimatisierungssysteme sollten aus wirtschaftlichen Gründen und wegen der thermischen Umweltbelastung mit einem möglichst geringen Energieaufwand auskommen.

Erste und wichtigste Voraussetzung ist eine möglichst einwandfreie Bestimmung des Wärme- und Kältebedarfs unter Einschluß aller darauf wirkenden Faktoren, vor allem unter Berücksichtigung der dynamischen Vorgänge (siehe Kap. 7). Erst wenn der Zeitgang des Wärme- und Kältebedarfs und des allgemeinen Energiebedarfs — Beleuchtung usw. — während der Auslegungstage im Winter und Sommer sowie während eines Normaljahres bekannt ist, lassen sich wirtschaftliche Konzepte erarbeiten.

Die klimatechnischen Anforderungen müssen jedoch bereits bei der Gebäudekonzeption weitgehend berücksichtigt werden. Um hierfür Hinweise zu erlangen, sollen im folgenden die Bedeutung und die Auswirkungen der einzelnen in dieser Hinsicht wesentlichen Einflußfaktoren auf den Leistungs- und Energiebedarf für die Raumklimatisierung ermittelt werden. Dabei sind vor allem zu berücksichtigen:
— Klimaanlagensysteme
— Verfahren zur Energierückgewinnung
— Gebäudetyp und -lage
— Bauweise, d.h. Aufbau von Wänden u.ä.
— Fenstergröße
— Sonnenschutz
— Beleuchtung.

8.2.1 Basisdaten

Die Zusammenhänge werden für die gleichen Parameter ermittelt, die auch der Untersuchung über den Einfluß der Bauweise auf die Raumtemperatur im Hochsommer nach Kap. 8.1 zugrundegelegt sind.

Die Basiswerte sind aus Kap. 8.1.1 zu entnehmen. Darüber hinausgehend werden folgende Werte festgelegt:

Bauweise

Für die klimatisierten Räume werden abgehängte Decken vorausgesetzt. Daher können die Definitionen „Leichtbauweise" und „Schwerbauweise" nach Kap. 8.1.1 nicht mehr verwendet werden. Im folgenden wird daher unterschieden nach

„leichte Bauweise"
und

„mittelschwere Bauweise",
wobei für die Zuordnung der einzelnen Typen der Bauteile gilt:

	leichte Bauweise	mittel-schwere Bauweise
Fußboden (s. Tab. 10)	Typ B	Typ B
Decke (s. Tab. 10)	Typ A	Typ A
Innenwand (s. Tab. 10)	Typ A	Typ D
Außenwand (s. Tab. 10)	Typ A	Typ D
Dach (s. Tab. 10)	Typ A	Typ A

Fenstergröße

Die Fenstergröße wird entsprechend den Angaben in Kap. 8.1.1 variiert. Die spezifische Fensterfläche a_{Fe} nach Gleichung (40) ist für die verschiedenen untersuchten Gebäudetypen selbst bei gleicher Fenstergröße unterschiedlich, da die Größen der Innenzone und somit die Anzahl der Fenster je m^2 Nutzfläche differiert.

Gebäudetyp und -lage

Es werden drei Gebäudetypen untersucht, die jeweils ca. 10.000 m^2 Nutzfläche (Bürofläche) und etwa 13.000 m^2 Bruttogeschoßfläche aufweisen.

a) Schmales Gebäude,
ca. 18 m breit, ca. 72 m lang und 10 Geschosse hoch. Auf jeder Längsseite liegen je Etage 18 Mittelräume, in jeder Ecke ein

Eckraum mit Fenster nur nach der Längsseite des Gebäudes hin, und in der Innenzone des Gebäudes 10 Innenräume je Stockwerk. Im obersten Stock befinden sich Dachräume jeweils des gleichen Typs wie in den Zwischengeschossen. Insgesamt sind demnach 500 Büroräume vorhanden.

b) Quadratisches hohes Gebäude,
ca. 36 m Seitenlänge mit ebenfalls 10 Stockwerken und 500 Büroräumen. Auf jeder Seite liegen je Geschoß 7 Mittelräume, in jeder Ecke ein Eckraum mit Fenstern in beiden Außenwänden und in der Innenzone je Etage 18 Innenräume.

c) Quadratisches niedriges Gebäude,
ca. 50 m Seitenlänge mit nur 5 Stockwerken. Großraumbüros über die gesamte Geschoßfläche. Ein solches Gebäude entspricht auch in etwa einem Kaufhaus.

Für das schmale Gebäude wird zusätzlich die Lage variiert. Die Längsfassaden des Gebäudes werden einmal in Nord- und Süd-Orientierung und zum anderen in West- und Ost-Orientierung angesetzt.

Sonnenschutz

Es werden alternativ zwei Arten des Sonnenschutzes gewählt mit folgenden Werten für den mittleren Durchlaßfaktor b_2 der Sonnenstrahlung nach VDI 2078/7/:

Innenjalousien $b_2 = 0,7$
Außenjalousien $b_2 = 0,2$

Personenbelegung

Je Raum bzw. Raummodul wird von einer Belegung mit 2 Personen ausgegangen, was einer Bürofläche von rd. 10 m^2 je Person entspricht.

Beleuchtungsstärken

Es werden alternativ drei Beleuchtungsstärken gewählt; in Klammern installierte Leistung je m^2 Bürofläche:

— 300 lx (15 W/m^2)
— 650 lx (30 W/m^2)
— 1000 lx (45 W/m^2)

Für 650 lx und 1000 lx werden Absaugleuchten vorgesehen, wobei als Restwärmefaktor l_2 nach VDI 2078 bei 650 lx ein Wert von 0,45 und bei 1000 lx ein Wert von 0,35 angesetzt wird.

Bei Verwendung von Abluftfenstern kön-

nen in der Regel wegen der Luftführung keine Absaugleuchten eingesetzt werden.

Maschinenwärme

Die Wärmeabgabe durch Maschinen u.ä. wird zu 2,8 W je m^2 Bürofläche angesetzt.

Bürozeit 8—17 Uhr

Hauptbetriebszeit der Klimaanlage 6—18 Uhr

Raumluftzustände

Normale Raumlufttemperatur während
der Hauptbetriebszeit   22 °C
Maximale Raumlufttemperatur
im Hochsommer   26 °C
Minimale Raumlufttemperatur
nachts   18 °C
Relative Luftfeuchte im Raum
während der Hauptbetriebszeit   45 %

Klimaanlagen

Für die drei Gebäudetypen werden je vier unterschiedliche Klimaanlagensysteme zugrundegelegt, wobei als Untervarianten noch zwei weitere Systeme hinsichtlich der Abluftabsaugung aus dem Raum berücksichtigt werden.

Die Anlagensysteme werden nur für die Außenzonen des Gebäudes variiert, während die Innenzonen wegen der geringen Lastschwankungen **in allen Fällen** mit einer Einkanalanlage mit konstanter Luftmenge versorgt werden. Die Bezeichnung des Klimaanlagensystems kennzeichnet daher nur die Unterschiede für die Außenzone:

a) Vierleiter-Induktions-Klimaanlage (4-L-A)
b) Zweikanal-Klimaanlage (2-K-A)
c) Einkanal-Klimaanlage mit konstanter Luftmenge (1-K-A/KL)
d) Einkanal-Klimaanlage mit variabler Luftmenge (1-K-A/VL)
e) Einkanal-Klimaanlage mit Abluftfenster und konstanter Luftmenge (1-K-A/AF/KL)
f) Einkanal-Klimaanlage mit Abluftfenster und variabler Luftmenge (1-K-A/AF/VL)

Bei den Anlagesystemen e) und f) wird die Abluft aus dem Raum nicht direkt wieder in die Klimazentrale gefördert, sondern passiert vorher die sogenannten „Abluftfenster". Diese Fenster haben außer der Isolierverglasung noch eine zusätzliche Scheibe zum Raum hin. Die Abluft wird zwischen der äußeren und inneren Verglasung, wo i.a. auch der Sonnenschutz angebracht ist, hindurchgefördert. Hierdurch werden die Einflüsse des Außenklimas auf das Raumklima nahezu vollständig ausgeschaltet. Die Wärmeverluste aus dem Raum durch das Fenster werden soweit reduziert, daß sie einer Wärmedurchgangszahl k von 0,7 W/m² entsprechen anstelle von etwa 3,6 W/m² K bei zweifach verglasten und ca. 2,2 W/m² K bei dreifach verglasten Fenstern. Abluftfenster haben daher vom Raum her gesehen die gleiche Isolierwirkung wie gut wärmegedämmte Außenwände. Auch ist die Wirkung von Jalousien zwischen den belüfteten Scheiben hinsichtlich Reduktion des Wärmeeintrags durch Sonnenstrahlung etwa gleich der Wirkung von Außenjalousien zu setzen. Jedoch wird die Temperatur der Abluft in den Abluftfenstern je nach Außentemperatur erniedrigt bzw. erhöht, und zwar um etwa 0,2 K je Grad Temperaturdifferenz zwischen Raumluft und Außenluft. Die entsprechende Energie steht daher zur Energierückgewinnung nicht mehr zur Verfügung. Bei Einsatz von Abluftfenstern können zudem aus Gründen der Luftführung in der Regel keine Absaugleuchten eingesetzt werden, so daß ein erhöhter Wärmeeintrag in den Raum durch die Beleuchtung auftritt.

Luftmengen

Die Mindestluftmengen sind vom Klimaanlagensystem abhängig. Um eine ausreichende Raumdurchspülung zu erhalten, wird für die Vierleiter-Induktions-Klimaanlage eine Primärluftmenge von 240 m³/h je Raum (Primärluftwechsel 3,9-fach pro Stunde) und für die sonstigen Klimaanlagen eine Mindestluftmenge von 310 m³/h (stündlicher Luftwechsel 5-fach) vorgegeben.

Mit Ausnahme der Vierleiter-Induktions-Klimaanlage werden die effektiven Zuluftmengen erhöht, falls es zur Deckung der Kühllast im Raum erforderlich ist. Dabei wird davon ausgegangen, daß die Temperatur der Zuluft nicht unter 15 °C absinken darf, um Zugerscheinungen zu vermeiden.

Als Frischluftmenge ist jedoch nur ein Bedarf von etwa 100 m³/h je Raum erforderlich, was einem Wert von 50 m³/h pro Person entspricht.

Energierückgewinnung

Für die Energierückgewinnung werden drei Varianten gewählt, die sich hinsichtlich der energetischen Wirkungsweise prinzipiell unterscheiden:

a)   Umluftbeimischung und/oder regenerativer Wärmetauscher (RWT)

b)   regenerativer Wärmetauscher in Verbindung mit dem Einsatz der Kältemaschine als Wärmepumpe (RWT und KM als WP)

c)   Energierückgewinnung aus der Abluft mit einer Wärmepumpe (WP).

Der Rückgewinnungswirkungsgrad des Regenerativ-Wärmetauschers (bzw. Umluftbeimischung) für Fall a) und b) wird zu 75 % angenommen. Die Leistungsziffer der Kältemaschine (bzw. Wärmepumpe) für Fall b) und c) wird im Wärmepumpenbetrieb zu 4,5 angesetzt. Die Abluft kann mit der Wärmepumpe in Fall c) bis auf +8 °C abgekühlt werden.

Zur vereinfachten Schreibweise vor allem in den Bildern werden zudem noch folgende Abkürzungen eingeführt:

WRG: Wärmerückgewinnung
KRG: Kälterückgewinnung
ERG: Energierückgewinnung
(Wärme und Kälte).

8.2.2 Einfluß der Zuluftmenge auf Leistungs- und Energiebedarf

Bei der Beschreibung des Zusammenhanges zwischen Bauweise und Raumtemperaturen im Hochsommer in Kap. 8.1 ist als Kennzahl für das thermische Verhalten von Räumen eine Auskühlzeitkonstante definiert. Diese eignet sich jedoch nicht für die Darstellung des Leistungs- und Energiebedarfs eines Gebäudes bei Klimatisierung.

Als neue Kennzahl zur Beschreibung der Auswirkungen von Bauweise, Beleuchtungsstärke und Klimaanlagensystem auf den Leistungs- und Energiebedarf eignet sich bei Klimaanlagen mit konstanter Zuluftmenge die
erforderliche stündliche Zuluftmenge
je m² Nutzfläche.

Diese Kennzahl wird bei Nurluft-Klimaanlagen (1-K-A, 2-K-A) von allen Gegebenheiten der Bauweise beeinflußt, da sie proportional zur maximalen Kühllast der einzelnen Räume des Gebäudes ist. Nach unten ist sie jedoch durch die vorgegebene Mindestzuluftmenge begrenzt.

Zwischen der erforderlichen Zuluftmenge und dem Leistungs- und Energiebedarf zum Klimatisieren besteht ein enger Zusammenhang. Hierzu sind in **Bild 47** die Ergebnisse der Berechnungen mit dem EDV-Programm nach Kap. 7 für die in Kap. 8.2.1 genannten Basisdaten dargestellt. Dabei ist die Abhängigkeit des maximalen stündlichen und des jährlichen Wärmebedarfs von der errechneten Zuluftmenge für die

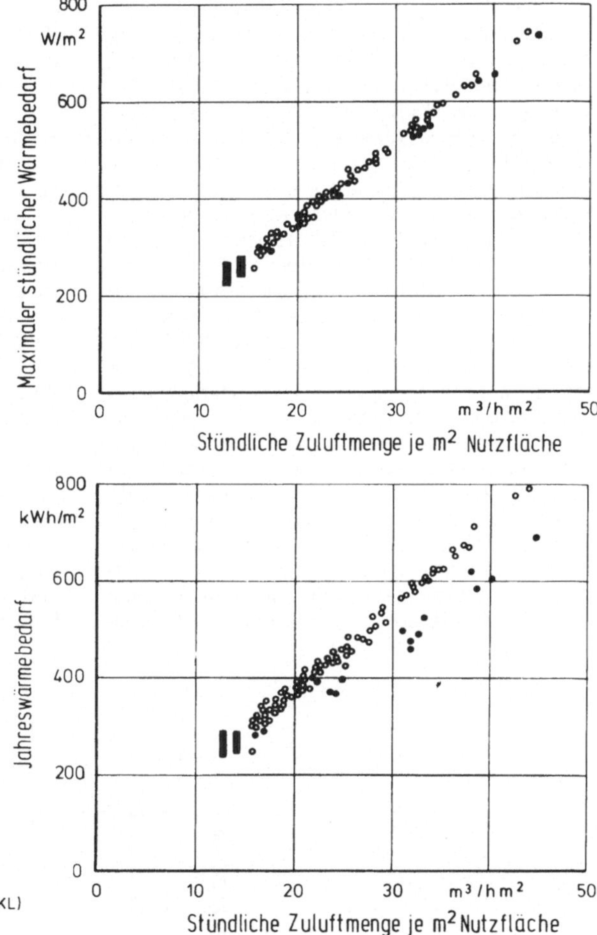

Bild 47: Wärmebedarf in Abhängigkeit von der Zuluftmenge bei Klimaanlagen mit konstanter Luftmenge, keine Wärmerückgewinnung

Klimaanlagen mit konstanter Luftmenge eingetragen. Es sind alle baulichen Parameter wie Gebäudetyp, Fenstergröße, Art der Jalousien, leichte und mittelschwere Bauweise, aber auch die Beleuchtungsstärke berücksichtigt. Eine mögliche Wärmerückgewinnung ist noch nicht einbezogen. Man erkennt, daß für die Zweikanal- und die Einkanal-Klimaanlagen (2-K-A, 1-K-A/ KL) nur ein sehr schmaler Streubereich vorhanden ist. Auch die Ergebnisse für die Vierleiter-Induktions-Klimaanlagen (4-L-A), bei denen die Luftmenge vorgegeben ist (siehe Kap. 8.2.1), reihen sich in den Trend ein. Nur für die Einkanal-

Klimaanlage mit Abluftfenster (1-K-A/AF/KL) sind beim Jahreswärmebedarf zum Teil signifikante Abweichungen zu erkennen. Ursache hierfür ist, daß bei Beleuchtungsstärken von 650 und 1000 lx keine Absaugleuchten eingesetzt sind. So entsteht ein höherer Wärmeeintrag in den Raum durch die Beleuchtung als bei Verwendung von Absaugleuchten für die übrigen Klimaanlagen ohne Abluftfenster. Auf den maximalen stündlichen Wärmebedarf hat die Art der Leuchten keinen Einfluß, da das Maximum am Morgen zu Beginn der Hauptbetriebszeit vor Einschalten der Beleuchtung auftritt.

Die Abhängigkeit des maximalen stündlichen und des jährlichen Kältebedarfes von der Zuluftmenge ist noch straffer, siehe **Bild 48**. Hierbei reihen sich auch die Werte für die Klimaanlage mit Abluftfenster in den Zusammenhang ohne Abweichung ein. Nur bei den Vierleiter-Induktions-Klimaanlagen treten Abweichungen auf. Dies ist auf die Nachkühlung im Raum zurückzuführen, da die Kühllast im Raum nur zum Teil durch die Zuluft gedeckt werden muß. Demzufolge sind die Höchstwerte bei der Vierleiter-Induktions-Klimaanlage mit bis zu 160 W/m^2 wesentlich geringer als bei den Nurluft-Klimaanlagen, die Werte bis zu 400 W/m^2 aufweisen. Die erforderliche Zuluftmenge für das ganze Gebäude ist bei Nurluft-Klimaanlagen mit konstanter Luftmenge proportional zur Summe der maximalen Kühllasten der einzelnen Räume, auch wenn diese meist nicht zum selben Zeitpunkt auftreten. Bei Vierleiter-Induktionsanlagen dagegen ist das zeitgleiche Maximum der Kühllasten für die Räume ausschlaggebend. Wesentlich gravierender ist der unterschiedliche Energieaufwand zur Raumkühlung bei den Kälteträgern Luft und Wasser. Verwen-

det man Außenluft, so beträgt der notwendige Kälteaufwand aufgrund ihrer Temperatur und ihres Wassergehaltes, die beide über dem Raumluftzustand liegen können, bis zum 2,5-fachen des eigentlichen Kältebedarfs. Bei Eintrag der Kälteleistung in den Raum durch einen Wasser-Kältekreislauf ist dagegen kein zusätzlicher Kälteaufwand notwendig.

Bei Klimaanlagen mit variabler Luftmenge paßt sich die Zuluftmenge der Kühllast in den Räumen an. Ist die Kühllast sehr gering oder sogar ein Wärmebedarf im Raum erforderlich, wird nur noch die vorgegebene Mindestzuluftmenge dem Raum zugeführt. Ein direkter Zusammenhang zwischen Wärme- bzw. Kältebedarf und Zuluftmenge ist daher nicht mehr gegeben. Um dennoch zumindest qualitativ eine Aussage zu erhalten, ist in **Bild 49** eine Gegenüberstellung von Klimaanlagen mit konstanter und variabler Luftmenge am Beispiel der leichten Bauweise und der mittleren Fenstergröße vorgenommen.

Für die Anlagen mit variabler Luftmenge ist jeweils der Bereich zwischen Mindestmenge und maximal erforderlicher Menge angegeben. Sowohl der maximale stündliche wie auch der

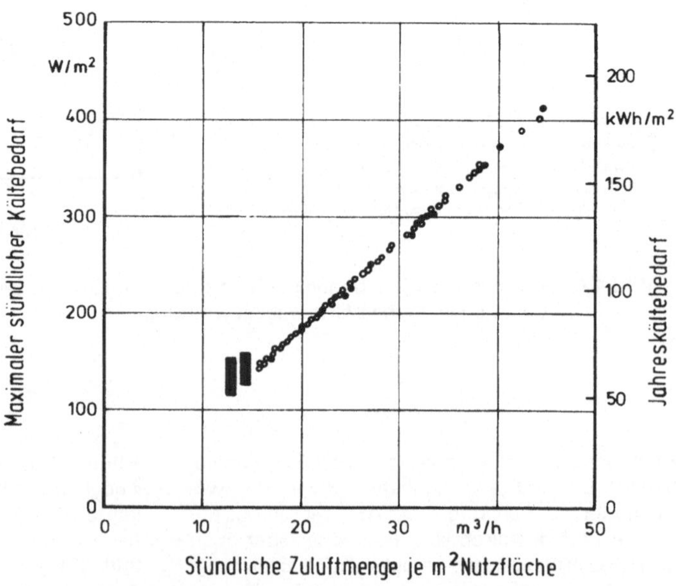

Bild 48:
Kältebedarf in Abhängigkeit von der Zuluftmenge, keine Kälterückgewinnung

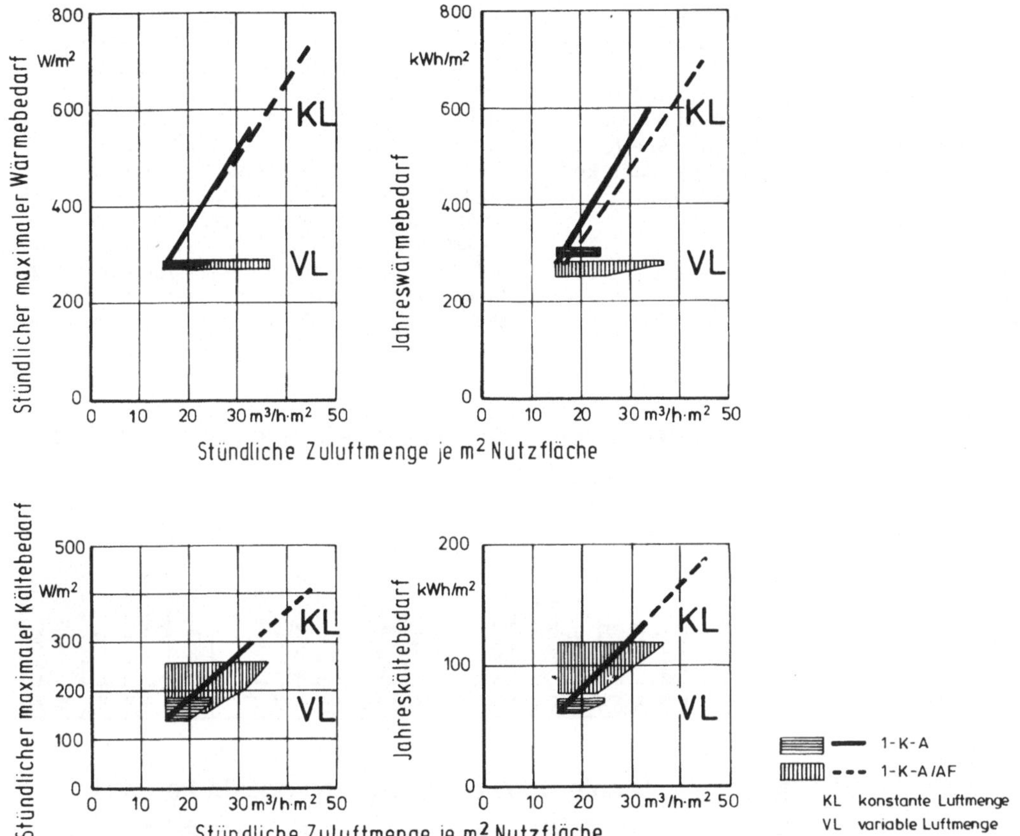

Bild 49: Vergleich des Wärme- und Kältebedarfs in Abhängigkeit von der Zuluftmenge bei Klimaanlagen mit konstanter und variabler Luftmenge, keine Energierückgewinnung, leichte Bauweise, mittlere Fenstergröße

jährliche Wärmebedarf ist von der Mindestluftmenge geprägt. Das bedeutet, daß der Wärmebedarf bei Anlagen mit variabler Luftmenge bis zur Hälfte niedriger ist als bei Anlagen mit konstanter Luftmenge.

Der Kältebedarf orientiert sich hinsichtlich Maximum und Jahresbedarf erwartungsgemäß mehr an der maximal erforderlichen Zuluftmenge. Jedoch ist auch hier eine Reduzierung gegenüber Anlagen mit konstanter Luftmenge bis zu einem Drittel festzustellen. Dies hat zwei Ursachen. Zum einen kann die maximale Zuluftmenge geringer gehalten werden, da sie sich nach der gleichzeitigen maximalen Kühllast in

allen Räumen richtet, zum anderen tritt die maximale Kühllast der Räume und damit die maximale Zuluftmenge meist nicht zum Zeitpunkt der Extremwerte für die Außenluft auf.

Aus den Bildern 47 bis 49 geht deutlich hervor, daß die wesentliche Einflußgröße auf den Wärme- und Kältebedarf sowohl im Maximalwert als auch im Jahresbedarf die erforderliche Zuluftmenge ist, die daher als Kenngröße herangezogen werden kann. Es ist somit erforderlich, den Einfluß der baulichen Parameter und der Beleuchtungsstärke auf die erforderliche Zuluftmenge zu quantifizieren.

8.2.3 Einfluß der Bauweise und der Beleuchtungsstärke auf die Zuluftmenge

Die baulichen Parameter, die wesentlichen Einfluß auf die maximale Kühllast eines Raumes und damit zusammenhängend auf die erforderliche Zuluftmenge bei Klimaanlagen mit konstanter Luftmenge haben, sind vor allem
— Fenstergröße
— Sonnenschutz
— Himmelsrichtung der Außenfassaden
— Gebäudetyp
— Bauweise.

Die ersten vier Parameter sind in Kombination zueinander zu sehen, da z.B. durch einen guten Sonnenschutz ein großes Fenster hinsichtlich der Wirkung der Sonneneinstrahlung einem kleineren Fenster mit schlechterem Sonnenschutz äquivalent ist. Auch beeinflußt die Himmelsrichtung der Außenfassaden und damit auch der Gebäudetyp die Auswirkungen der Sonneneinstrahlung. Eine Nordfassade weist meist günstigere Werte bezüglich der maximalen Kühllast auf als Fassaden mit direkter Sonneneinstrahlung. Somit dürfte der Nordanteil an der Gesamtfassade die erforderliche Zuluftmenge be-

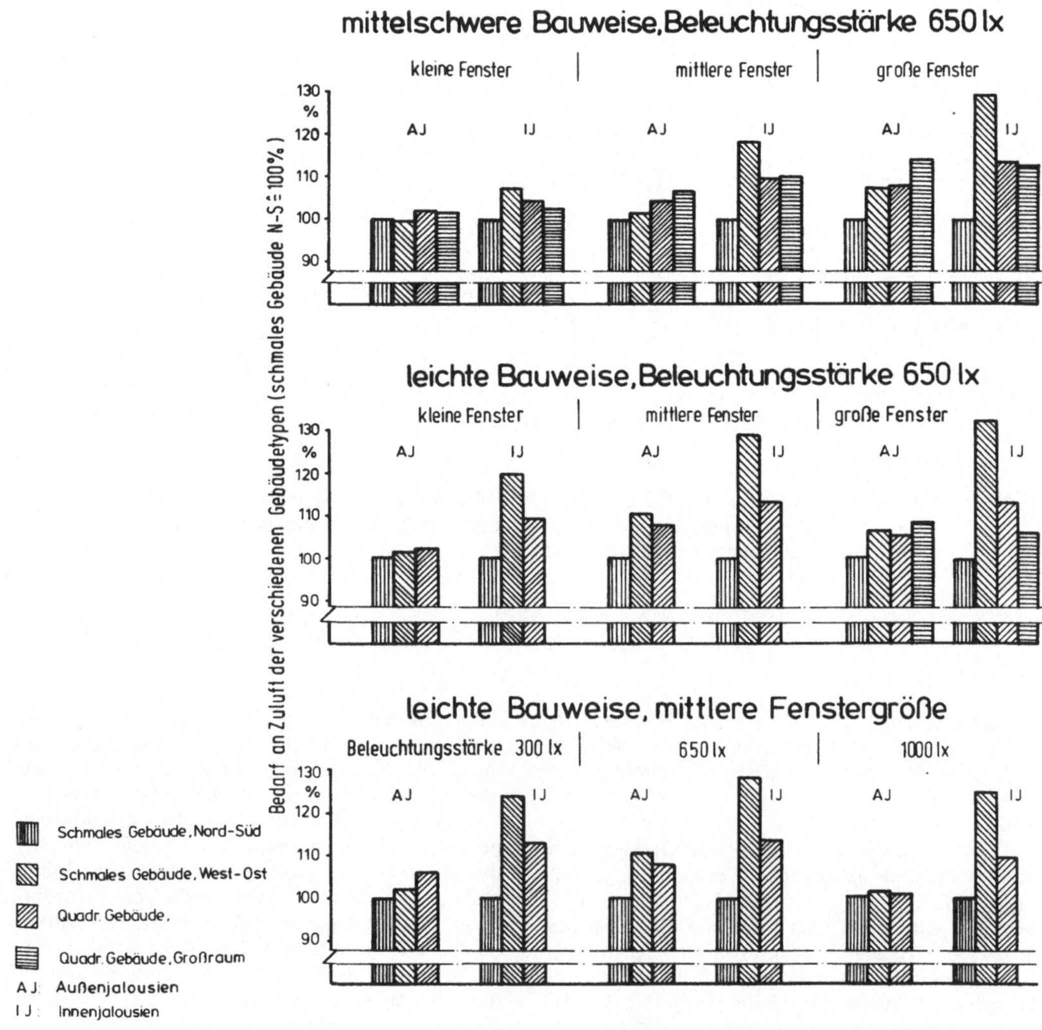

Bild 50:   Einfluß der Gebäudetypen auf die erforderliche Zuluftmenge (2-K-A, 1-K-A/KL)

einflussen. Dies wird auch aus **Bild 50** deutlich. Dabei ist zum besseren Vergleich jeweils die erforderliche Zuluftmenge für das schmale Gebäude mit Nord-Süd-Ausrichtung der Längsfassaden zu 100 % gesetzt. Variiert sind die Fenstergrößen, die Bauweise, die Beleuchtungsstärke und die Art der Jalousien.

Im Fall von Außenjalousien unterscheiden sich die Gebäude mit kleinen Fenstern nicht signifikant voneinander. Bei mittleren und großen Fenstern ist in der Regel das schmale Gebäude Nord-Süd am günstigsten, jedoch läßt sich keine einheitliche Tendenz erkennen. Ursache dafür ist, daß bei vorgezogenem Sonnenschutz abhängig von der gewünschten Beleuchtungsstärke und der Fenstergröße die Beleuchtung teilweise zusätzlich eingeschaltet werden muß, was die erforderliche Zuluftmenge stark beeinflußt.

Dagegen wird bei Einsatz von Innenjalousien eine eindeutige Tendenz erkennbar. In allen Fällen weist das schmale Gebäude in Nord-Süd-Ausrichtung die geringsten Werte und das Gebäude in West-Ost-Richtung die höchsten Werte auf. Die beiden quadratischen Gebäude liegen mit etwa gleichem Wert dazwischen. Diese Tendenz erscheint auf den ersten Blick nicht ganz verständlich, da die gesamte Fensterfläche bei den drei Gebäuden (schmal und quadratisch) mit Einzelbüros gleich groß ist, das quadratische Gebäude mit Großräumen dagegen um 30 % geringere Fensterflächen aufweist. Dabei ist jedoch zu berücksichtigen, daß einerseits die Anteile der Nordfenster an der Gesamtfensterfläche stark differieren, andererseits beim Gebäude mit Großräumen wesentlich weniger Innenwände und daher eine geringere Wärmespeicherkapazität vorhanden sind, auch wenn die anderen Bauteile gleich sind.

Zur näheren Erläuterung können die Erkenntnisse über den Einfluß des Sonnenschutzes auf das Raumklima im Hochsommer bei nichtklimatisierten Räumen nach Kap. 8.1.3 dienen. Nach Bild 41 verhält sich ein West-, Süd- und Ostraum bei einem Sonnenschutz mit einem mittleren Durchlaßfaktor b_2 von etwa 0,25 bezüglich der maximalen Raumlufttemperatur gleich wie ein Nordraum. Für einen Nordraum kann daher immer ein äquivalenter Wert für b_2 von 0,25 angesetzt werden. Da Außenjalousien als Durchlaßfaktor den fast gleichen Wert von 0,2 aufweisen, wird so erklärlich, warum zwischen den einzelnen Gebäudetypen bei Verwendung von Außenjalousien ($b_2 = 0,2$) kein signifikanter Unterschied feststellbar ist, während bei Einsatz von Innenjalousien ($b_2 = 0,7$) charakteristische Tendenzen in Bild 50 zu erkennen sind.

Eine einfache Normierung der Fensterfläche, wie sie in Kap. 8.1.3 nach Gleichung (40) als spezifische Fensterfläche a_{Fe} erfolgt ist, erscheint zur Kennzeichnung der Auswirkungen der Fenster auf den Leistungs- und Energiebedarf bei der Klimatisierung nicht mehr ausreichend. Es ist zusätzlich der Durchlaßfaktor des Fensters für Sonneneinstrahlung einschließlich des Sonnenschutzes einzubeziehen.

Als Kennzahl für die relative Größe der Fenster wird daher unter Berücksichtigung der genannten Einflußfaktoren die

„wirksame spezifische Fenstergröße" $a_{Fe,w}$

als

$$a_{Fe,w} = \frac{\sum\limits_{\nu=1}^{n} A_{Fe_\nu} \cdot g_\nu \cdot b_{1_\nu} \cdot b_{2_\nu}}{A_{Nutz}} \quad (45)$$

mit:

A_{Fe_ν} Fensterfläche (Rohbaumaß)

g_ν Glasanteil an der Fensterfläche

b_{1_ν} mittlerer Durchlaßfaktor des Fensters (ohne steuerbaren Sonnenschutz) gegenüber Einfachverglasung

b_{2_ν} mittlerer Durchlaßfaktor eines steuerbaren Sonnenschutzes, bei Nordfenstern ist $b_2 = 0,25$

A_{Nutz} Nutzfläche des Gebäudes (klimatisiert)

Die Berechtigung für die Einführung dieses Kennwertes $a_{Fe,w}$ wird aus **Bild 51** deutlich, in dem die erforderliche Zuluftmenge bei Einkanal- und Zweikanal-Klimaanlagen in Abhängigkeit von $a_{Fe,w}$ eingezeichnet ist. Unabhängig von den Fensterabmessungen, dem Gebäudetyp und der Art der Jalousien liegen dabei alle Werte für die Gebäudetypen mit Einzelräumen bei gleicher Beleuchtungsstärke und Bauweise auf einer Geraden, wobei der Streubereich gering ist. Mit zunehmender Beleuchtungsstärke verschieben sich die Geraden nahezu parallel zu größeren Luftmengen hin. Ursache hierfür ist vor allem die längere Einschaltdauer der Beleuchtungsanlage im Sommer, da sich die im Raum wirksame Wärmeleistung bei eingeschalteter Beleuchtung durch Einsatz von Absaugleuchten bei 650 und 1000 lx gegenüber den Leuchten bei

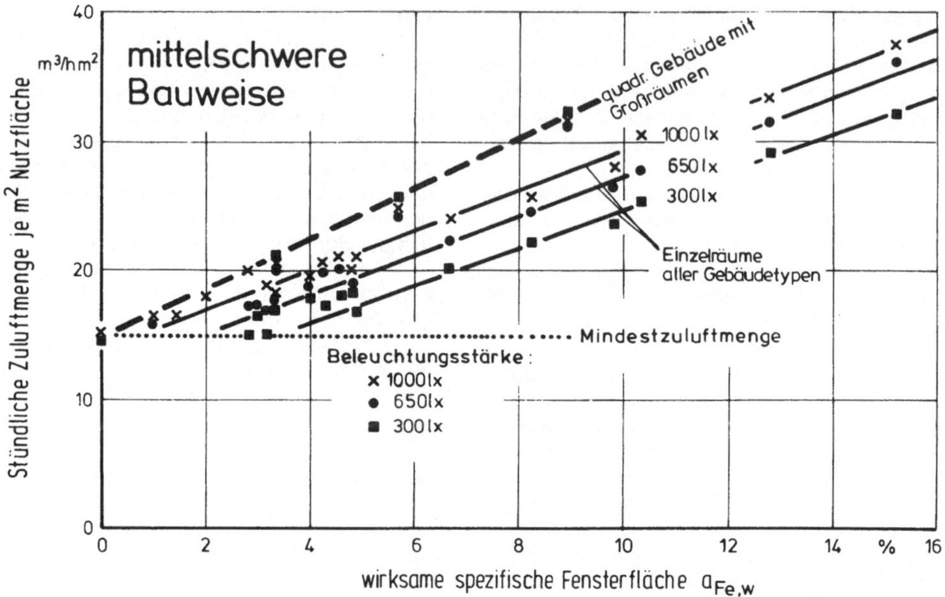

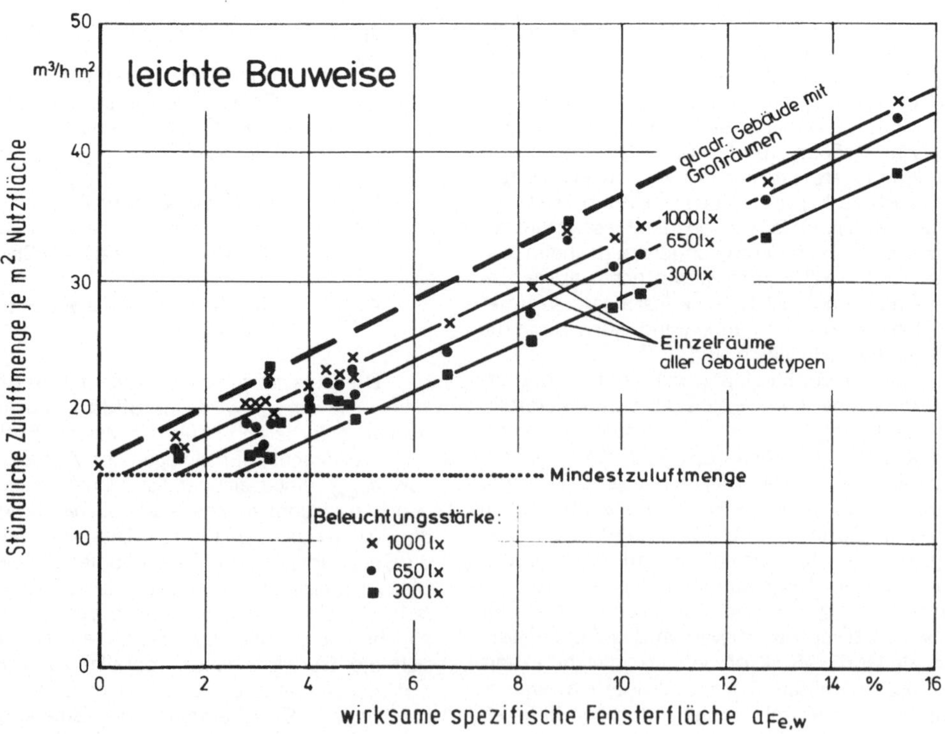

Bild 51:   Erforderliche Zuluftmenge in Abhängigkeit von der wirksamen Fensterfläche (2-K-A, 1-K-A/KL)

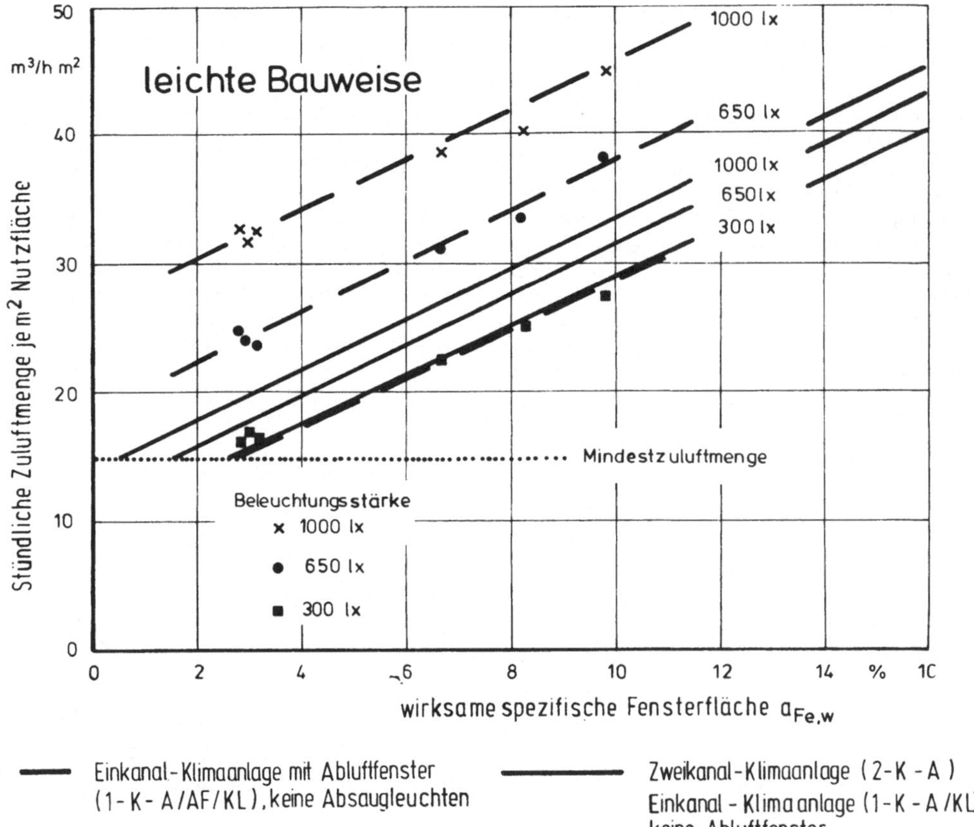

Bild 52:   Erforderliche Zuluftmenge in Abhängigkeit von der wirksamen spezifischen Fensterfläche bei Einkanal-Klimaanlagen mit Abluftfenster (1-K-A/AF/KL)

300 lx ohne Absaugung nur unwesentlich unterscheidet.

Daher sind auch beim quadratischen Gebäude mit Großräumen keine Unterschiede, abhängig von der Beleuchtungsstärke, erkennbar, weil die Beleuchtung während der gesamten Bürozeit eingeschaltet bleibt.

Wie bereits erwähnt, liegen die Ergebnisse für das Gebäude mit Großräumen über denen für die Gebäude mit Einzelräumen, da bei sonst gleicher Bauweise die Wärmekapazität des Raumes aufgrund der fehlenden Innenwände kleiner ist.

Vergleicht man für Außenräume die Auskühlzeitkonstanten T_W nach Gleichung (35), so stellt man fest, daß die Werte für den Großraum bei mittelschwerer Bauweise etwa gleich sind mit den Werten für die Einzelräume bei leichter

Bauweise. Zieht man diesen Vergleich auch in Bild 51, so wird ebenfalls eine gute Übereinstimmung der entsprechenden Geraden erkennbar, wenn man für die Einzelräume die Kurve für 1000 lx wählt. Die Kurven für 650 lx und 300 lx müssen Abweichungen aufweisen, da die Beleuchtungsdauern unterschiedlich sind.

Ein allgemeiner Zusammenhang zwischen Bauweise und erforderlicher Zuluftmenge läßt sich nicht herleiten, da in ein und demselben Gebäude unterschiedliche Raumtypen vorhanden sind und zudem die Auskühlzeitkonstante T_W für Innenräume nicht definiert ist.

Tendenziell läßt sich aus Bild 51 entnehmen, daß bei kleinen wirksamen spezifischen Fensterflächen $a_{Fe,w}$ unter etwa 5 % die erforderlichen Zuluftmengen zwischen leichter und mittelschwerer Bauweise sich um rd. 10 % unterscheiden, während bei höheren Werten von $a_{Fe,w}$ der Unterschied bis auf knapp 20 % anwächst.

Wie wesentlich die Art der Leuchten die erforderliche Zuluftmenge und damit den Leistungs- und Energiebedarf für die Klimatisierung bestimmt, wird aus **Bild 52** sichtbar, in dem der Einfluß der Abluftfenster und damit zusammenhängend auch der Leuchten dargestellt ist, da bei Verwendung von Abluftfenstern in der Regel keine Absaugleuchten eingesetzt werden können.

Für eine Beleuchtungsstärke von 300 lx unterscheiden sich die Kurvenverläufe nicht. Das bedeutet, daß das Abluftfenster keinen Einfluß auf den Zusammenhang zwischen der erforderlichen Zuluftmenge und der wirksamen spezifischen Fensterfläche $a_{Fe,w}$ hat. Trotzdem kann energetisch der Einsatz eines Abluftfensters sinnvoll sein, da hierbei z.B. bereits Zwischenjalousien nahezu den gleichen Durchlaßfaktor b_2 haben wie Außenjalousien bei üblichen Fensterkonstruktionen.

Dagegen wirkt es sich bei höheren Beleuchtungsstärken sehr ungünstig aus, daß die gesamte Wärmeentwicklung der Beleuchtung im Raum wirksam wird und daher der Luftwechsel um etwa 2 pro Stunde bei 650 lx und um ca. 4 pro Stunde bei 1000 lx erhöht werden muß. Daraus läßt sich folgern, daß bei Einsatz von

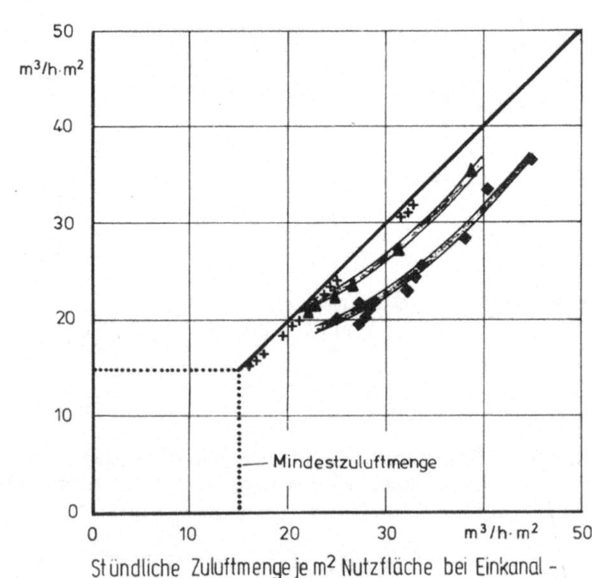

Bild 53:   Unterschied für die erforderliche Zuluftmenge bei Einkanal-Klimaanlagen mit konstanter und variabler Luftmenge (1-K-A, 1-K-A/AF), mittlere Fenstergröße, leichte Bauweise

Abluftfenstern und gleichzeitig hohen installierten Beleuchtungsstärken Wege gefunden werden müssen, um auch hierfür Absaugleuchten einsetzen zu können, da sonst der Vorteil der Abluftfenster hinsichtlich der Abschirmung des Raumes gegen das Außenklima überkompensiert wird.

Bei Klimaanlagen mit variabler Luftmenge wird die maximale Zuluftmenge für das Gebäude von der maximalen gleichzeitigen Kühllast der einzelnen Räume und nicht von der Summe der Einzelmaxima wie bei Anlagen mit konstanter Luftmenge bestimmt. Es ist daher anzunehmen, daß für erstere Anlagen die maximale Zuluftmenge bei sonst gleichen Voraussetzungen geringer ist. Eine Gegenüberstellung ist in **Bild 53** vorgenommen.

Daraus erkennt man, daß bei Verwendung von Außenjalousien nahezu keine Reduzierung der maximalen Zuluftmenge vorhanden ist, da sich die Zeitgänge der Kühllasten in Räumen mit unterschiedlicher Himmelsrichtung kaum unterscheiden. Die wesentlich höheren Werte für die maximale Zuluftmenge bei Einsatz von Innenjalousien lassen sich z.T erheblich reduzieren, da die maximalen Kühllasten für die verschiedenen Himmelsrichtungen nicht zeitgleich auftreten. Die Unterschiede zwischen den Gebäudetypen sind auf den Anteil der Nordfassade an der Gesamtfassadenfläche und damit ebenfalls auf die Zeitverschiebung zwischen den Höchstwerten für die Kühllast zurückzuführen.

8.2.4 Energierückgewinnung

Bei der Darstellung des Zusammenhanges zwischen erforderlicher Zuluftmenge zur Klimatisierung und dem Leistungs- und Energiebedarf in Kap. 8.2.2 ist davon ausgegangen, daß keinerlei Energierückgewinnung durchgeführt wird. In der Praxis ist dies zumindest bei hohen Luftwechselraten unrealistisch, da der erforderliche Frischluftbedarf für die Personen im Gebäude wesentlich kleiner ist. Wie in Kap. 8.2.1 beschrieben, werden drei Varianten der Energierückgewinnung ausgewählt, die sich nach ihrer energetischen Wirkungsweise prinzipiell unterscheiden. Eine Differenzierung zwischen Umluftbeimischung und Einsatz eines regenerativen Wärmetauschers wird nicht durchgeführt, da sie sich energetisch nicht unterscheiden.

Die mögliche Wärmerückgewinnung bei Klimaanlagen ohne Abluftfenster ist aus **Bild 54** zu entnehmen, in dem die Zuluftmenge als Variable eingeführt ist.

Der maximale Wärmebedarf läßt sich bei Einsatz eines regenerativen Wärmetauschers (RWT) oder durch Umluftbeimischung auf Werte zwischen etwa 45 und 30 % senken, wobei die niedrigeren Werte nur bei großen Zuluftmengen möglich sind, was aus dem kleineren Anteil der Transmissionswärmeverluste resultiert. Hinsichtlich des Jahreswärmebedarfs muß man nach der Art der Befeuchtung unterscheiden. Bei Befeuchtung mit Wasser reduziert er sich auf 60 bis 65 %, während es bei Dampfbefeuchtung vor allem für die Vierleiter-Induktions-Klimaanlagen bis zu 10 % mehr sind.

Ursache hierfür ist, daß insbesondere in der Übergangszeit im Frühjahr und Herbst bei Wasserbefeuchtung die Zuluft durch Wärmegewinnung höher erwärmt werden kann als bei Dampfbefeuchtung. Durch das Wassereinsprühen wird nämlich die Zuluft nahezu isenthalp wieder abgekühlt, da die Verdunstungswärme der Luft entzogen wird. Dagegen wird beim Befeuchten mit Dampf die Temperatur der Zuluft sogar etwas erhöht, wodurch die Möglichkeit zur Wärmerückgewinnung eingeschränkt wird, da sonst die Zuluft zu warm würde.

Eine Wärmerückgewinnung nur durch Umluftbeimischung oder einen RWT hat den Nachteil, daß die Wärme aus der Abluft, die auch einen Teil der Lampenabwärme enthält, nur zum Vorwärmen der Zuluft verwendet werden kann. Ein Nachwärmen der Zuluft oder eine Wärmebedarfsdeckung im Raum ist hiermit nicht möglich. Daher kann der hohe Wärmerückgewinnungswirkungsgrad bei maximalem Wärmebedarf nur zu etwa der Hälfte im Jahresdurchschnitt ausgenutzt werden.

Eine Verbesserung ist möglich, wenn zusätzlich die Kältemaschine als Wärmepumpe eingesetzt wird. Damit kann die installierte Wärmerückgewinnungskapazität des RWT oder der Umluftbeimischung über längere Zeiträume ausgenutzt werden, indem die zu stark erwärmte Zuluft mit der Kältemaschine wieder abgekühlt wird und die dabei anfallende Abwärme in das Heizsystem der Klimaanlage eingespeist wird.

Die Kältemaschine arbeitet in dieser Betriebsweise als Wärmepumpe. Hierdurch verringert sich zwar der maximale Wärmebedarf nicht weiter, wohl aber der Jahreswärmebedarf in erheblichem Maß. Der Restwärmebedarf sinkt bei Wasserbefeuchtung in günstigen Fällen bis auf 20 % und bei Dampfbefeuchtung immerhin bis auf 26 % des Jahreswärmebedarfs ohne Wärmerückgewinnung. Um dies zu erreichen, müssen etwa 6 bis 8 % des Gesamtwärmebedarfs als Strom für den Betrieb der Kältemaschine als Wärmepumpe aufgewendet werden. Die verbleibenden 12 % bei Wasserbefeuchtung bzw. 20 % bei Dampfbefeuchtung müssen über einen Heizkessel oder durch Fernwärme gedeckt werden.

Die dritte Alternative zur Wärmerückgewinnung nämlich das Abkühlen der Abluft mit einer Wärmepumpe, die ebenfalls mit der Kältemaschine identisch sein kann, weist ebenfalls eine sehr günstige Effizienz hinsichtlich der Senkung des Jahreswärmebedarfs auf, jedoch ist etwa doppelt soviel elektrische Energie für den Wärmepumpenbetrieb wie bei der zweiten Variante erforderlich. Außerdem ist die Reduzierung des maximalen Wärmebedarfs relativ gering, so daß die Jahresvollbenutzungsstunden für den Wärmebezug sehr niedrig werden.

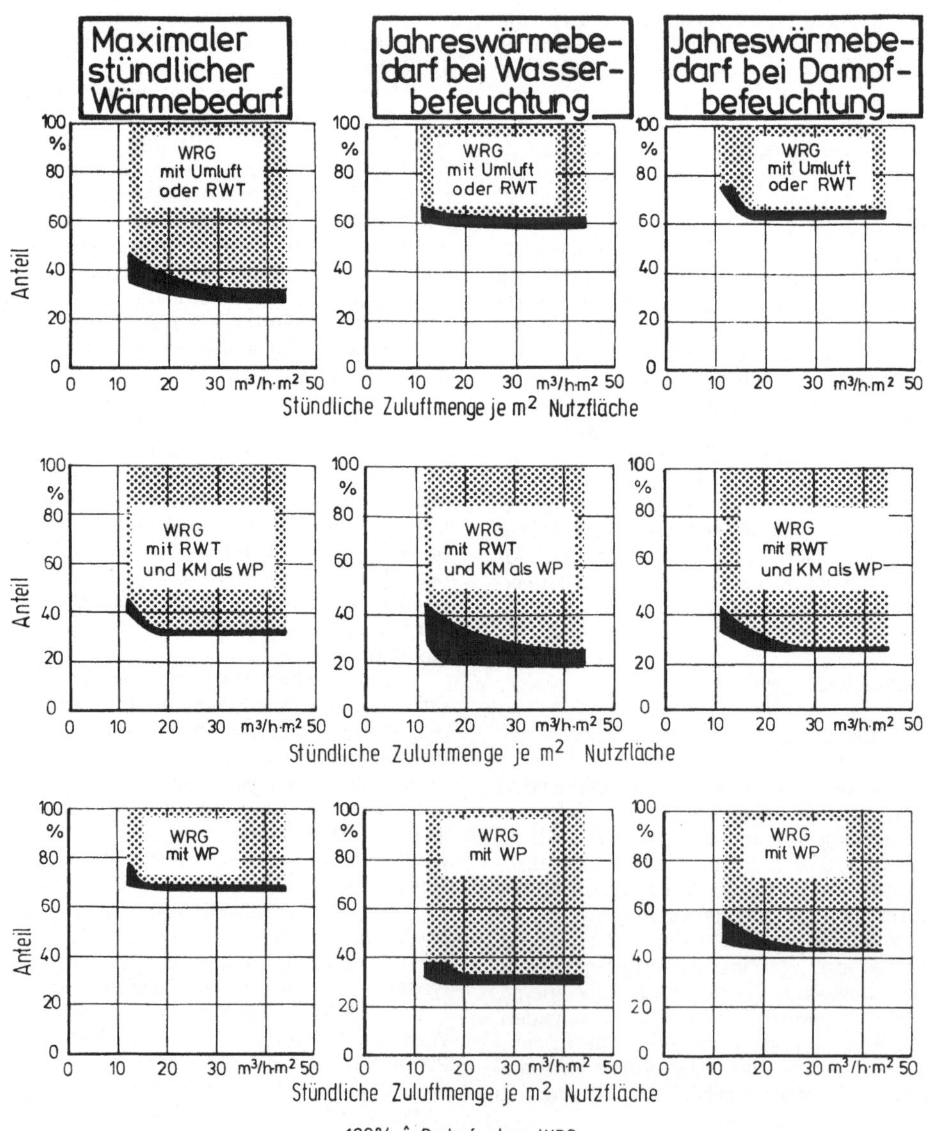

Bild 54: Mögliche Wärmerückgewinnung (WRG) in Abhängigkeit von der Zuluftmenge bei Klimaanlagen ohne Abluftfenster

Werden Abluftfenster eingesetzt, so sinkt nach **Bild 55** der Anteil der Wärmerückgewinnung bei Maximalbedarf, da sich die Abluft aus dem Raum beim Durchströmen der Abluftfenster abkühlt. Da außerdem keine Absaugleuchten eingesetzt werden können, geht die Beleuchtungswärme nicht in den aus der Abluft rückgewinnbaren Anteil ein. Beim Jahreswärmebedarf machen sich die negativen Auswirkungen der Abluftfenster weniger bemerkbar, da in der Übergangszeit meist mehr Abwärme zur Verfügung steht als genutzt werden kann.

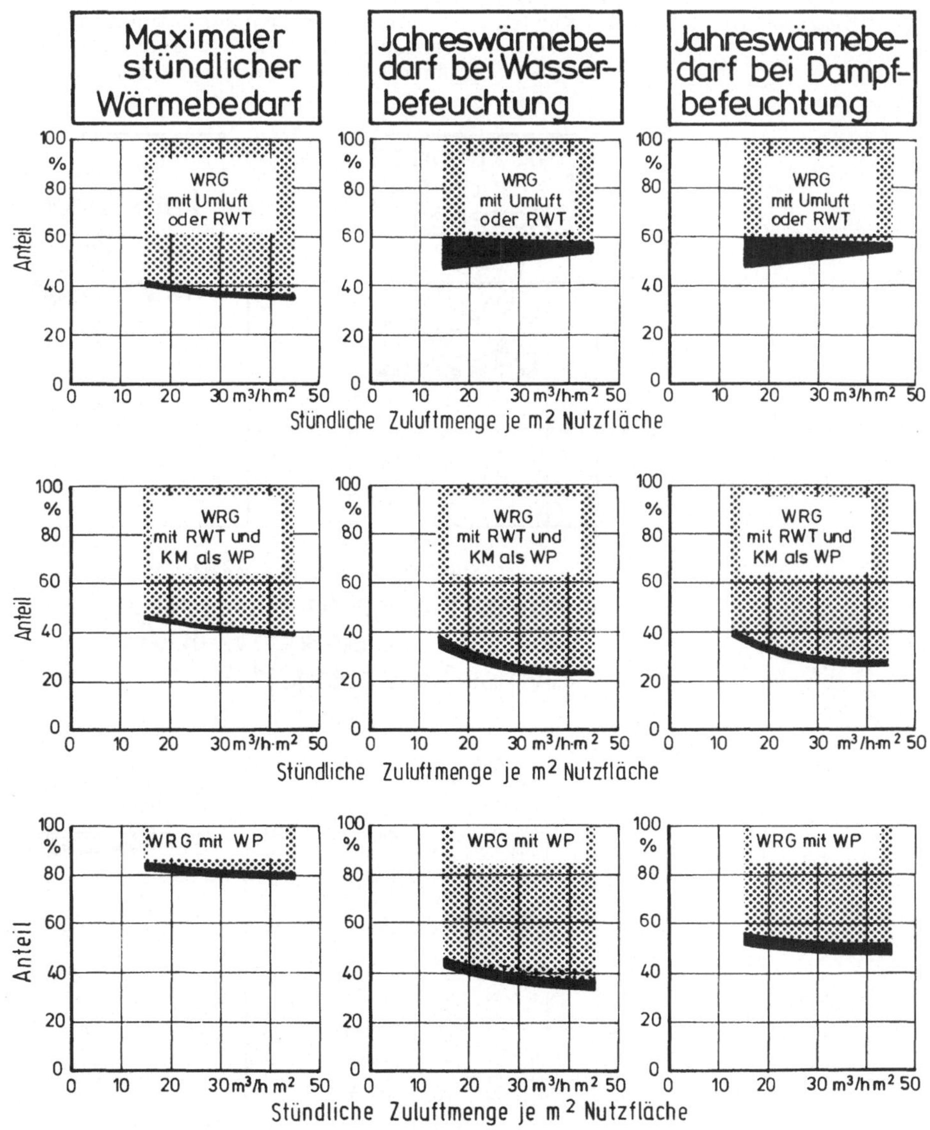

Bild 55:   Mögliche Wärmerückgewinnung (WRG) in Abhängigkeit von der Zuluftmenge bei Einkanal-Klimaanlagen mit Abluftfenster, mittlere Fenstergröße

Eine Kälterückgewinnung ist nur durch Umluftbeimischung oder Einsatz eines regenerativen Wärmetauschers möglich. Die maximale Kälteleistung kann bis auf 60 % gesenkt werden, siehe **Bild 56.** Bei Verwendung von Absaugleuchten verringert sich jedoch dieser Wert entsprechend dem Wärmeeintrag in die Abluft durch die Beleuchtung. Allerdings ist durch die Verwendung von Absaugleuchten bereits die Kühllast geringer.

Der Jahreskältebedarf kann nur sehr wenig, nämlich um maximal 10 % verringert werden. Eine Kälterückgewinnung hat somit hauptsächlich Auswirkungen auf den Maximalbedarf. Dadurch können die Jahresvollbenutzungsstunden für den Kältebedarf von knapp 500 Stunden pro Jahr auf einen Wert zwischen 600 bis 700 Stunden erhöht werden, wie aus **Bild 57** zu entnehmen ist. Wird die Kältemaschine auch als Wärmepumpe eingesetzt, so erhöht sich die Anzahl ihrer Jahresvollbenutzungsstunden bis auf maxi-

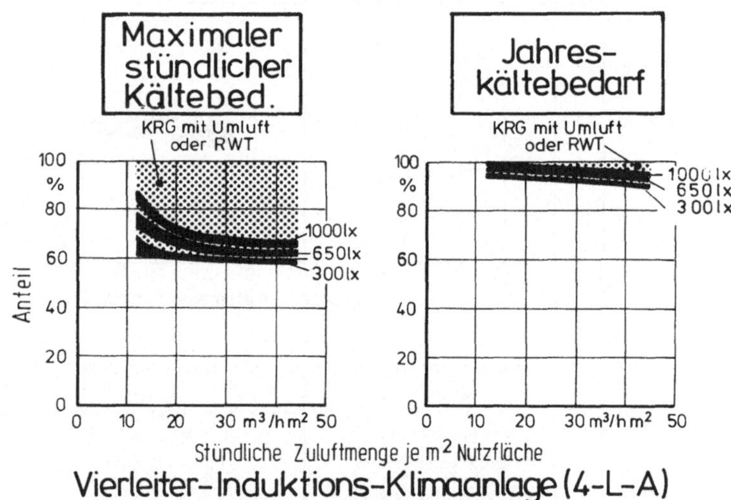

Vierleiter-Induktions-Klimaanlage (4-L-A) Zweikanal-Klimaanlage (2-K-A) Einkanal-Klimaanlage (1-K-A)

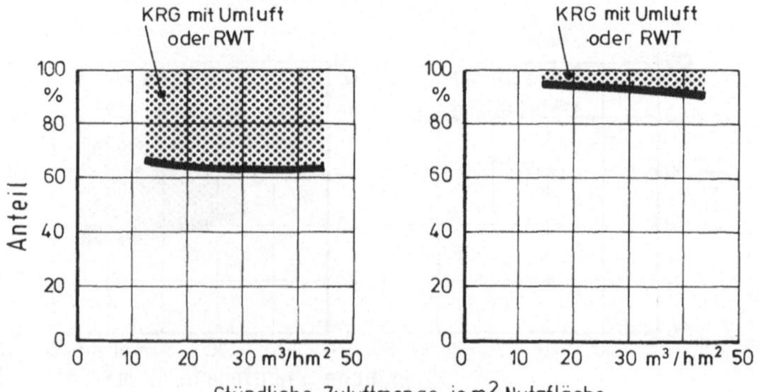

Bild 56:
Mögliche Kälterückgewinnung (KRG) in Abhängigkeit von der Zuluftmenge

Einkanal-Klimaanlage mit Abluftfenster (1-K-A /AF)

100% ≙ Bedarf ohne KRG

mal 1600 h/a. Dies gilt bei Wärmerückgewinnung mit einer Wärmepumpe aus der Abluft unter der Voraussetzung, daß mit Wasser befeuchtet wird. Der in Bild 57 eingezeichnete Bereich verschiebt sich um ca. 100 h/a zu geringeren Werten hin für den Fall einer Dampfbefeuchtung.

Der Einsatz der Kältemaschine als Wärmepumpe in Verbindung mit einem regenerativen Wärmetauscher erreicht die Kältemaschine durchschnittlich 1300 bis 1400 h/a, wobei bei Dampfbefeuchtung diese Werte um 300 h/a zu reduzieren sind.

Die Tendenzen bei den Jahresvollbenutzungsstunden für den Wärmebedarf sind dagegen teilweise gegenläufig. Zwar können die Benutzungsstunden von etwa 1000 bis 1100 h/a für den Fall ohne Wärmerückgewinnung durch Verwendung von Umluftbeimischung bzw. eines RWT auf mindestens 1600 h/a bis günstigstenfalls sogar auf 2300 h/a angehoben werden. Bei

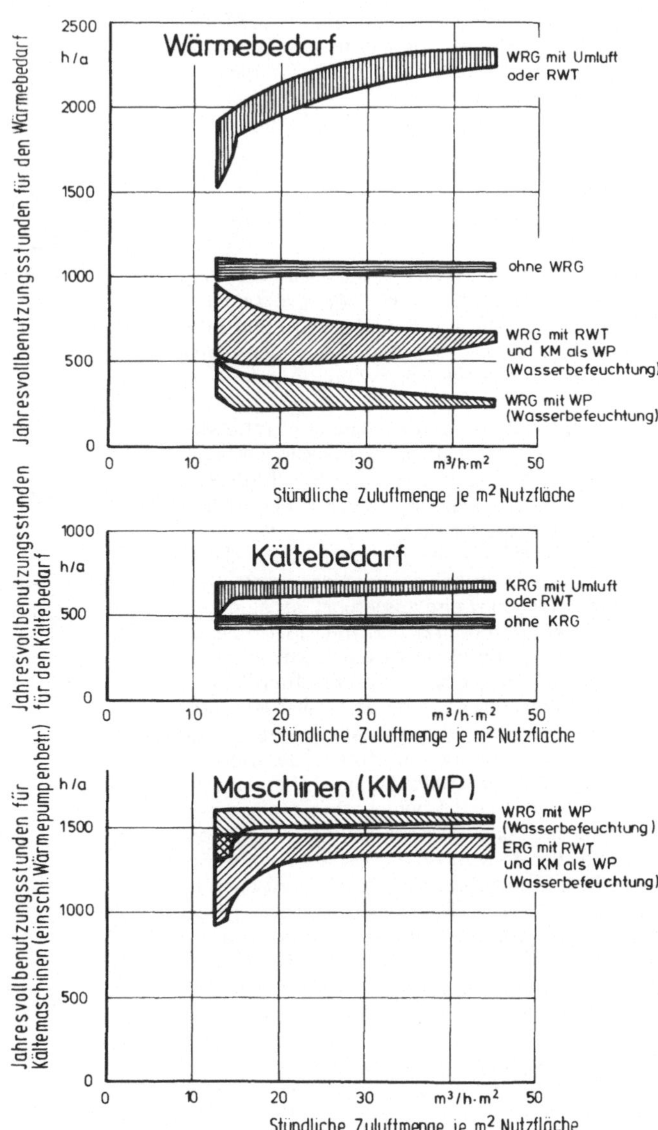

Bild 57:
Jahresvollbenutzungsstunden
bei Klimaanlagen mit
konstanter Luftmenge

Einsatz von Wärmepumpen sinkt jedoch die Anzahl der Jahresvollbenutzungsstunden des Restwärmebedarfs weit unter 1000 h/a. Die ungünstigsten Werte liegen bei nur 250 h/a. Bei Dampfbefeuchtung erhöhen sich die Benutzungsstunden des Restwärmebedarfs um etwa 200 bis 300 h/a und zeigen somit einen gegenläufigen Trend zu den Benutzungsstunden der Kältemaschine im Wärmepumpenbetrieb

Dies bedeutet, daß die Auslastung der zu installierenden Wärmeerzeugungskapazität sehr gering wird, was meist zu einem unwirtschaftlichen Betrieb führt. Deshalb empfiehlt es sich in solchen Fällen, entweder Wärmespeicher zum Spitzenausgleich einzubauen, oder die Wärmebedarfsspitzen durch eine elektrische Direktheizung zu decken, da sie meist nur zu Zeiten auftreten, in denen die Beleuchtung abgeschaltet ist und somit freie elektrische Leistung zur Verfügung steht.

8.2.5   Vergleich der Klimaanlagensysteme

Bereits in Kap. 8.2.2 bis 8.2.4 sind die verschiedenen Klimaanlagensysteme angesprochen und ihre Auswirkungen auf den Leistungs- und Energiebedarf, auf die erforderliche Zuluftmenge sowie auf die Energierückgewinnung aufgezeigt. Ein direkter Quervergleich ist dabei jedoch nur schwer zu erhalten, da die einzelnen Einflußgrößen teilweise gegenläufige Auswirkungen haben und daher ein Gesamtüberblick nur durch eine quantitative Überlagerung der Einzelergebnisse gewonnen werden kann.

Am Beispiel eines schmalen Gebäudes in Nord-Süd-Ausrichtung, das in einer wärmetechnisch leichten Bauweise ausgeführt ist, eine mittlere Fenstergröße besitzt und mit einer Beleuchtungsstärke von 650 lx ausgestattet ist, sollen die Unterschiede für die sechs untersuchten Varianten an Klimaanlagen aufgezeigt werden unter der Voraussetzung, daß mit Wasser befeuchtet wird. Dabei wird noch nach Art des Sonnenschutzes, nämlich Außen- oder Innenjalousien unterschieden. Für die beiden Klimaanlagen mit Abluftfenster sind Zwischenjalousien angenommen, da dies in solchen Fällen als übliche und sinnvolle Sonnenschutzmaßnahme anzusehen ist.

Die richtigen Relationen werden jedoch erst sichtbar, wenn neben dem Wärme- und Kältebedarf auch der Strombedarf für die Beleuchtung und für die Ventilatoren einbezogen wird. Desweiteren erscheint es sinnvoll, anstelle des Kältebedarfs den Strombedarf für die Kältemaschine einzuführen. Außerdem sollten die Verluste innerhalb des Gebäudes für Verteilung und Regelung berücksichtigt werden. Sie hängen

stark von den Vollbenutzungsstunden und den Betriebsdauern ab. Da beides sich bei den verschiedenen Klimaanlagen und Energierückgewinnungssystemen zum Teil sehr voneinander unterscheidet, würde eine Vernachlässigung dieser Verluste leicht zu einer Fehlbeurteilung führen.

Für die Bestimmung der jährlichen Verluste für Verteilung und Regelung gibt es bisher keine allgemeingültigen Anhaltswerte. Die in VDI 2067 Blatt 1 /6/ angegebenen Zahlen geben nur einen Anhalt für Jahresvollbenutzungsstunden zwischen ca. 1400 und 1800 h/a. Das von Dittrich /78/ verwendete Verfahren zur Bestimmung des Jahreswirkungsgrades von Kesselanlagen ist ebenfalls wegen der anderen Betriebsweise solcher Anlagen nicht geeignet, jedoch kann der dabei eingeschlagene Lösungsweg entsprechend abgewandelt verwendet werden.

Die jährlichen Verluste $Q_{V,a}$ für die Verteilung und Regelung sind proportional der Verlustleistung im Nennbetrieb, der Betriebsdauer t_B der Anlagen und einen Reduktionsfaktor f_v, der die Veränderungen im Temperaturniveau der Wärmeträger im Gebäude über das Jahr, z.B. der Temperatur des Heizungsvorlaufes, berücksichtigt. Die Verlustleistung im Nennbetrieb läßt sich aus dem Maximalbedarf des Gebäudes Q_{max} und dem Nennwirkungsgrad $\eta_{V,N}$ für Verteilung und Regelung ermitteln. Somit kann man die jährlichen Verluste bestimmen zu:

$$Q_{V,a} = Q_{max} \left(\frac{1}{\eta_{V,N}} - 1 \right) \cdot t_B \cdot f_v \qquad (46)$$

Der Jahresnutzungsgrad $\eta_{V,a}$ für die Verteilung und Regelung errechnet sich dann aus dem Jahreswärmebedarf Q_a zu:

$$\eta_{V,a} = \frac{Q_a}{Q_a + Q_{V,a}} =$$

$$= \frac{1}{1 + \dfrac{Q_{max}}{Q_a} \cdot \left(\dfrac{1}{\eta_{V,N}} - 1 \right) \cdot t_B \cdot f_v} \qquad (47)$$

Durch Einführen der Jahresvollbenutzungsstunden b_a läßt sich Gleichung (47) umformen in

$$\eta_{V,a} = \frac{1}{1 + \dfrac{t_B}{b_a} \cdot \left(\dfrac{1}{\eta_{V,N}} - 1 \right) \cdot f_v} \qquad (48)$$

Der Jahresnutzungsgrad $\eta_{V,a}$ ist danach stark

durch das Verhältnis der Betriebsstunden t_B zu den Jahresvollbenutzungsstunden b_a geprägt.

Die Größe des Reduktionsfaktors f_v hängt vom mittleren Temperaturniveau während der Betriebszeit der Anlagen in Relation zum Maximalwert bei Nennbetrieb ab.

Am Beispiel der Steuerung der Vorlauftemperatursteuerung bei Heizungsanlagen ist in **Bild 58** dargestellt, mit welchen Werten für f_v zu rechnen ist. Im oberen Teil des Diagramms ist die Kurvennummer zu entnehmen, die für die gewählte Vorlaufsteuerung gültig ist. Bei Anlagen ohne Klimatisierung wird man in der Regel zwischen Kurve 3 und 4 liegen, während man sich bei Klimaanlagen meist im Bereich zwischen Kurve 2 und 3 befindet. Aus dem mittleren Diagramm ist mit der ausgewählten Kurve der Reduktionsfaktor f_v zu entnehmen, unterschieden danach, ob nur während der Heizperiode oder während des gesamten Jahres der Anlage Wärme

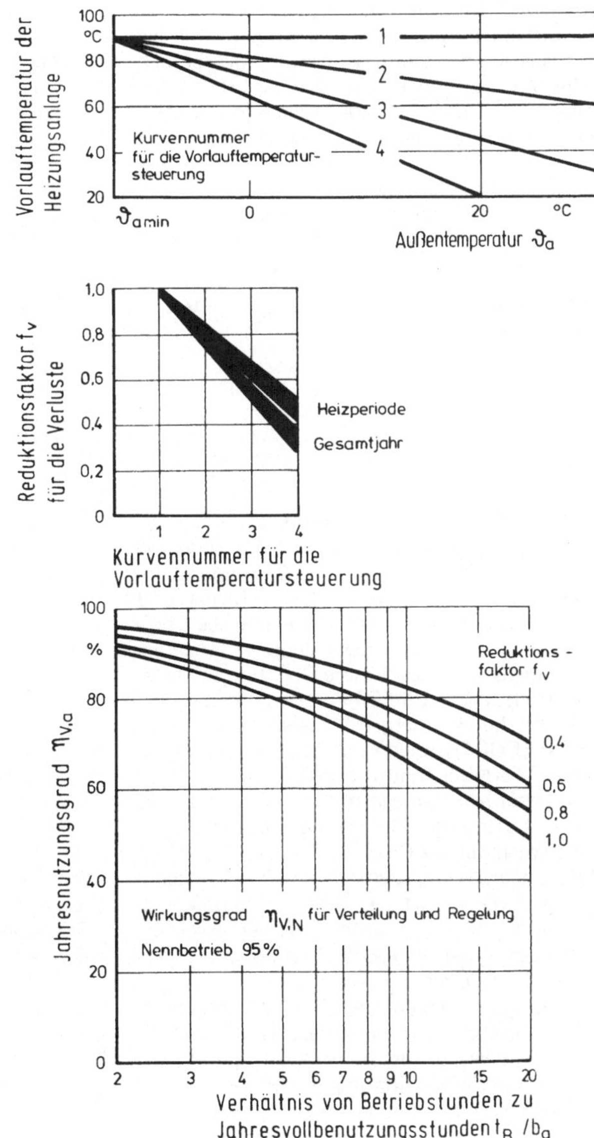

Bild 58:
Jahresnutzungsgrad für die Verteilung und Regelung in Abhängigkeit von Vorlauftemperatursteuerung, Betriebsstunden und Jahresvollbenutzungsstunden

zur Verfügung gestellt wird.

Für einen Nennwirkungsgrad $\eta_{V,N}$ für Verteilung und Regelung von 95 % ist im unteren Diagramm von Bild 58 die Größe des Jahresnutzungsgrades $\eta_{V,a}$ als Funktion von t_B/b_a mit dem Parameter f_v dargestellt. Daraus ist zu entnehmen, daß für die untersuchten Varianten der Klimatisierung mit einem Jahresnutzungsgrad gerechnet werden muß, der meist im Bereich zwischen 70 und 90 %, in günstigen Fällen sogar noch darüber liegt.

Mit Hilfe von Gleichung (48) kann aus dem jährlichen Wärme- und Kältebedarf der jährliche Wärme- und Kälteverbrauch ermittelt werden. Des weiteren ist aus dem Zuluftbedarf für die Klimatisierung der elektrische Energieverbrauch für die Ventilatoren in Zu- und Abluft zu bestimmen. Hierfür wird von folgenden spezifischen Verbrauchwerten ausgegangen:

	Vierleiter-Induktions-Klimaanlagen	übrige Klimaanlagen	
ohne Energierückgewinnung	1,4	1,0	$\dfrac{\text{Wh}}{\text{m}^3 \text{ Luft}}$
mit Energierückgewinnung	1,5	1,1	$\dfrac{\text{Wh}}{\text{m}^3 \text{ Luft}}$

Somit lassen sich die Jahresverbrauchswerte an Wärme, an Strom für die Kältemaschine sowohl im Kühl- als auch im Wärmepumpenbetrieb sowie an Strom für Beleuchtung und Ventilatoren ermitteln. Der Vergleich des Energieverbrauchs für die verschiedenen Klimaanlagensysteme ist für das schmale Gebäude in Nord-Süd-Ausrichtung in **Bild 59** vorgenommen.

Wenn keine Energierückgewinnung vorgesehen ist (Fall 1), zeigen sich gleiche Ergebnisse für die Vierleiter-Induktions-Klimaanlage und die Einkanal-Klimaanlage mit Abluftfenster und variabler Luftmenge. Nur wenig ungünstiger liegen die Werte für die Einkanal-Klimaanlage ohne Abluftfenster, wenn ebenfalls eine Luftmengenregelung durchgeführt ist. Ein- und Zweikanal-Klimaanlagen mit konstanter Luftmenge schneiden dagegen wesentlich schlechter ab.

Durch Energierückgewinnung können bei allen Anlagensystemen zwischen 45 und 55 % des Energieverbrauchs eingespart werden, wobei die höheren Werte für die Anlagen gelten, die ohne Energierückgewinnung einen sehr hohen Verbrauch aufweisen. Wie bereits erwähnt, ebnen sich dadurch die Unterschiede zwischen den einzelnen Anlagensystemen ein. Die Relationen zwischen günstiger und ungünstiger Anlage verringern sich nämlich von 1 : 1,6 ohne Energierückgewinnung auf nur 1 : 1,25 mit Energierückgewinnung.

Wie aus Bild 59 weiterhin zu entnehmen ist, wird durch eine Energierückgewinnung der Endenergieverbrauch insgesamt erheblich gesenkt, jedoch erhöht sich der Stromverbrauch. Wie eine Überschlagsrechnung zeigt, verringert sich auch bei Einbezug der Umwandlungsverluste zur Stromerzeugung der Primärenergieverbrauch, und zwar um rd. 20 bis 30 %.

Bei den bisherigen Betrachtungen ist davon ausgegangen, daß die Temperatur der Raumluft auf dem Sollwert gehalten wird. Diese Voraussetzung ist getroffen, um gleiche Randbedingungen für die verschiedenen zu vergleichenden Einflußfaktoren zu erhalten. Wie in Kap. 7.3 bereits angesprochen, kann die Kühllast von Räumen teilweise erheblich gesenkt werden, wenn eine Temperaturschwankung der Raumluft innerhalb vorgegebener Grenzen von z.B. 2 K zugelassen wird. Dadurch kann dann bei den Ein- und Zweikanalanlagen eine geringere Zuluftmenge gewählt werden, was nach Kap. 8.2.2 direkt zu einer Senkung des Energiebedarfs führt.

Die Auswirkungen einer solchen Betriebsweise ist in **Bild 60** für dieselben Beispiele wie in Bild 59 dargestellt. Es wird nur der Fall des Sonnenschutzes mit Innenjalousien überprüft, da bei Außenjalousien die Auswirkungen der direkten Sonneneinstrahlung nahezu vollständig unterbunden sind (siehe Bild 41) und daher die maximale Kühllast nur unwesentlich verändert wird.

Für die Vierleiter-Induktions-Klimaanlage sind nahezu keine Veränderungen vorhanden, da die Luftmenge vorgegeben ist. Nur der Kältebedarf verringert sich um etwa 5 %. Dagegen reduziert sich die erforderliche Luftmenge für die Ein- und Zweikanal-Klimaanlage mit konstanter Luftmenge um rd. 15 %, was zu einer Senkung des Energieverbrauchs um ca. 12 % führt. Durch die Zulassung einer Temperaturschwankung von 2 K im Raum wird somit derselbe Effekt erreicht, den man auch durch Jalousien mit einem mittleren Durchlaßfaktor für Sonneneinstrahlung von $b_2 = 0,45$ anstelle von 0,7 erhalten würde, wie durch Vergleich von Bild 60 mit 59 ermittelt werden kann. Bei der Einkanal-Klimaanlage mit variabler Luftmenge kann der Maximalwert der Zuluftmenge ebenfalls um nahezu 15 % niedriger gewählt werden. Auf den Energieverbrauch hat dies jedoch nur wenig Einfluß (ca. 2 %), da durch die Anpassung

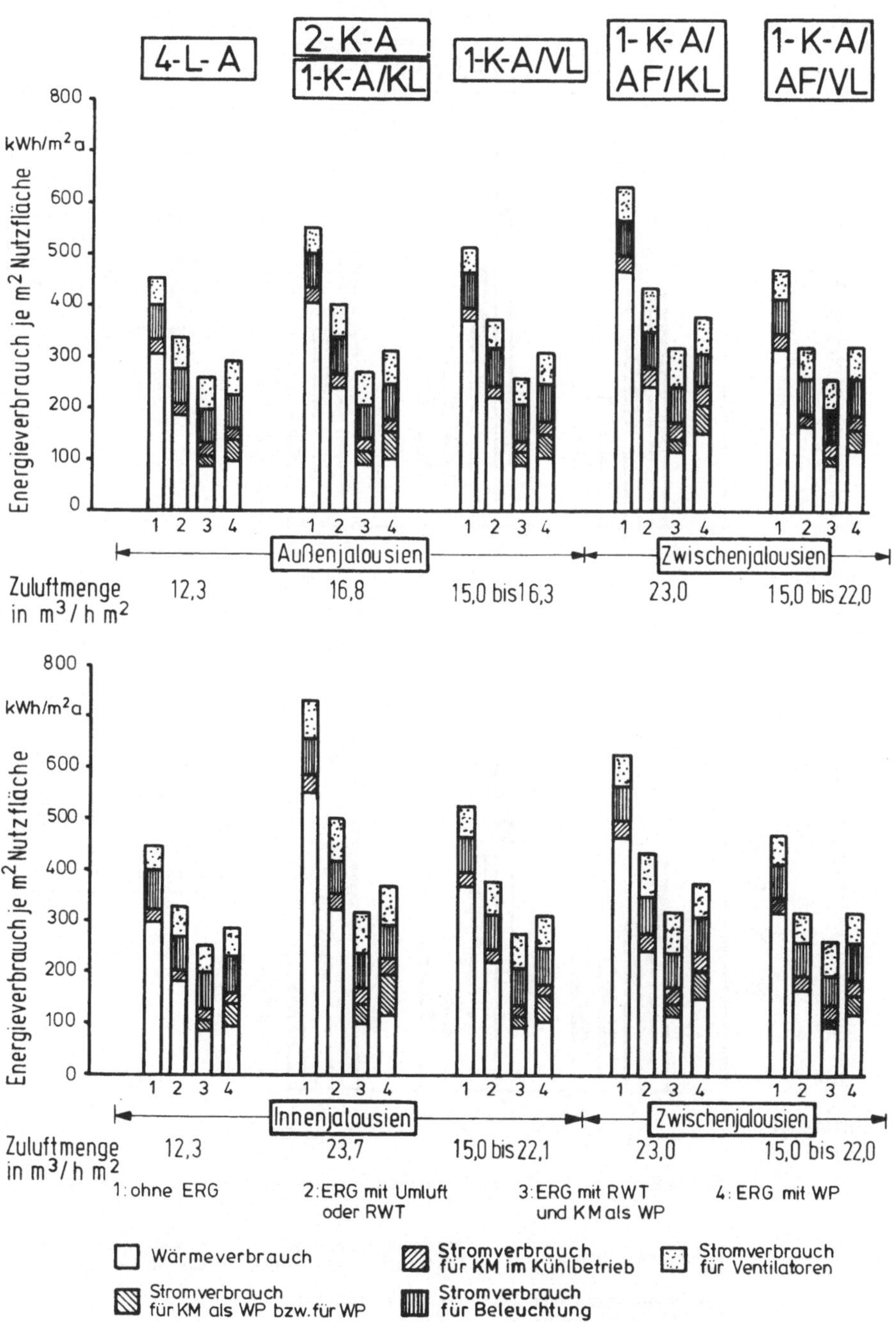

Bild 59:   Vergleich des Energieverbrauchs verschiedener Klimaanlagen, Wasserbefeuchtung, schmales Gebäude Nord-Süd, leichte Bauweise, 650 lx, mittlere Fenstergröße

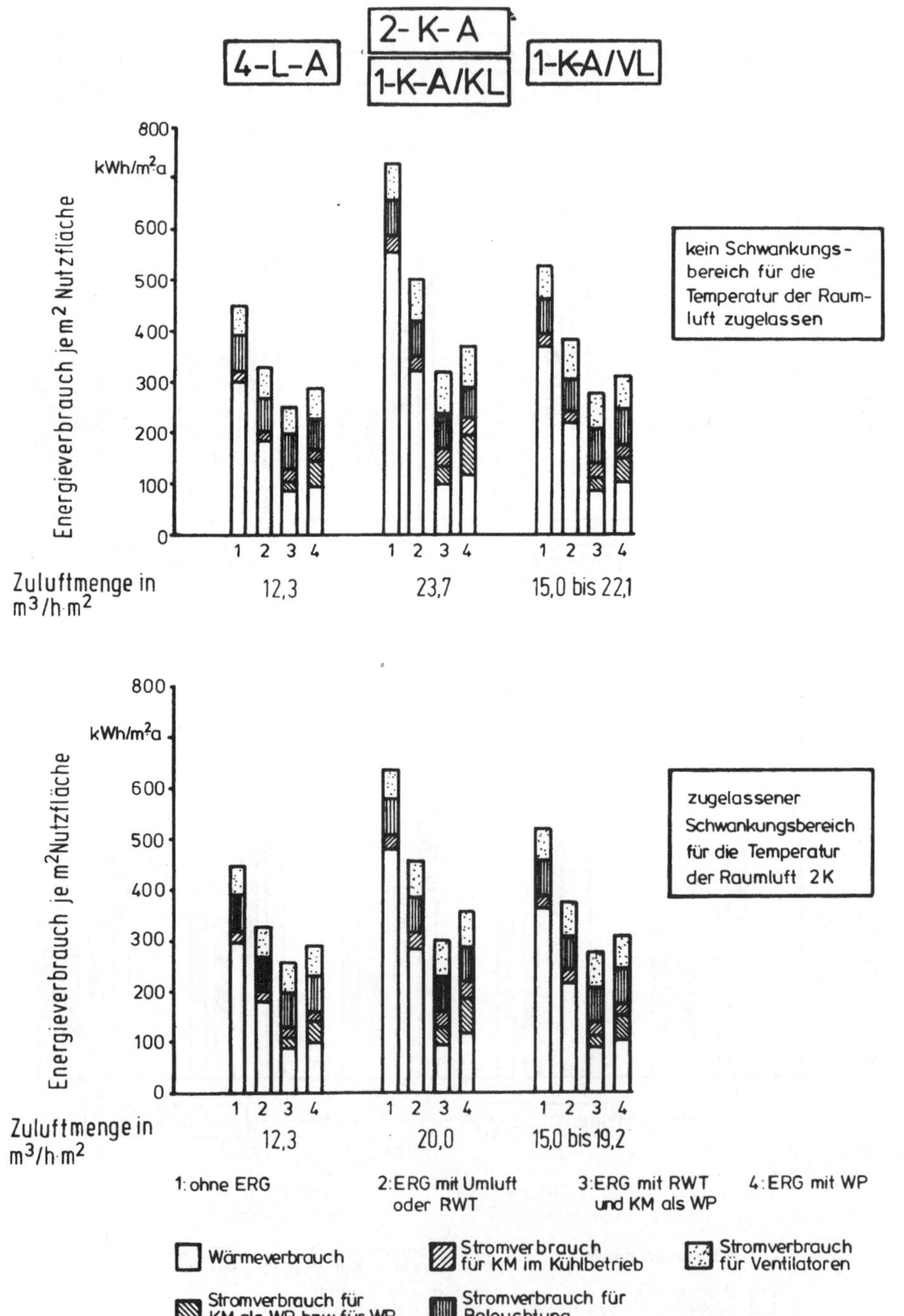

Bild 60: Vergleich des Energieverbrauchs verschiedener Klimaanlagen, abhängig vom zugelassenen Schwankungsbereich der Raumlufttemperatur; Wasserbef., Gebäude N-S, leichte Bauweise, 650 lx, mittlere Fenstergröße, Innenjalousien

der Zuluftmenge an den jeweiligen Bedarf im Raum bereits ein unnötiger Verbrauch vermieden wird.

Aus den Ergebnissen in Bild 60 wird deutlich, daß bereits durch relativ geringe Einschränkungen im Komfort des Raumklimas erhebliche Einsparungen am Energieverbrauch, aber auch an Investitionskosten für die Klimaanlage erreicht werden können.

9. Zusammenfassung

Der Anteil des Endenergieverbrauchs zur Raumheizung macht über 80 % des Gesamtverbrauchs im Teilsektor Haushalt, rund 75 % im Teilsektor Kleinverbrauch und etwa 40 % für die Gesamtheit aller Verbrauchssektoren aus. Es erscheint daher sinnvoll und notwendig, sich intensiv mit den Fragen der rationellen Energieverwendung und -versorgung zur Raumkonditionierung auseinanderzusetzen.

Durch Verbesserungen und Optimierungen sollten der Energieverbrauch und die Kosten für Heizen und Klimatisieren möglichst gering gehalten werden. Dabei sind in jedem Fall die Anforderungen von der Behaglichkeit her zu berücksichtigen, die sich in diesem Zusammenhang auf vier Komponenten zurückführen lassen:
— thermische Behaglichkeit
— lufthygienische Behaglichkeit
— optische Behaglichkeit
— akustische Behaglichkeit

Unter Berücksichtigung der daraus ableitbaren Kriterien wird die Zielsetzung einer Optimierung in der Regel in einer Kostenminimierung bestehen. Dabei können in jedem Einzelfall die zu betrachtenden Kostenarten voneinander abweichen. Der Ersteller eines Gebäudes wird z. B. die Investitionen möglichst niedrig halten wollen, während der Nutzer des Gebäudes geringe Energie- und Bewirtschaftungskosten wünscht. Als Kompromiß zwischen den unterschiedlichen Betrachtungsweisen werden für Wirtschaftlichkeitsberechnungen meist die jährlichen Gesamtkosten herangezogen, die sich zusammensetzen aus:
— verbrauchsgebundene Kosten
— kapitalgebundene Kosten
— betriebsgebundene Kosten
— sonstige Kosten

Am Beispiel der wirtschaftlichen Optimierung der Gebäudewärmdämmung wird gezeigt, daß sich auch bei Vorgabe anderer Prämissen — z.B. eine möglichst hohe Rentabilität des investierten Kapitals —, diskussionswürdige Ergebnisse einstellen. Dagegen ist eine Optimierung auf minimalen Energieverbrauch hin meist nicht sinnvoll, da entweder kein Minimum vorhanden ist, oder aber zur Realisierung unverhältnismäßig hohe technische oder kostenmäßige Aufwendungen erforderlich wären. In diesem Zusammenhang wird auch aufgezeigt, daß der Energieverbrauch zur Herstellung wärmedämmender Bauteile keine entscheidende Rolle bei der Beantwortung der Fragen nach einer wirtschaftlich optimalen Wärmedämmung spielt und daher der ,,kumulierte'' Energieverbrauch in der Regel nicht betrachtet werden muß.

Der Energiehaushalt eines Gebäudes wird durch eine Anzahl von Einflußgrößen bestimmt, die sich hinsichtlich der Beeinflußbarkeit bei einer Optimierung in vier Gruppen zusammenfassen lassen:
— haustechnische Maßnahmen
— bauliche Maßnahmen
— versorgungstechnische Maßnahmen
— betriebliche Maßnahmen

Diese Maßnahmen zielen vor allem auf eine Reduzierung des Leistungs- oder Energiebedarfs bzw. Energieverbrauchs ab. Die Frage nach dem Optimum soll klären, inwieweit Energieeinsparungen wirtschaftlich tragbar und sinnvoll sind.

Voraussetzung und Grundlage einer Optimierungsberechnung ist somit die Ermittlung des Leistungs- und Energiebedarfs. Darauf aufbauend können die haustechnischen Anlagen dimensioniert und die Investitionen und Kosten bestimmt werden. Allgemeingültige Aussagen und Tendenzen lassen sich normalerweise jedoch nur für die technischen Faktoren herleiten, da Höhe und zeitliche Entwicklung der einzelnen Kosten von einer Reihe meist nur im Einzelfall quantifizierbarer Faktoren abhängen.

Im Rahmen der vorliegenden Arbeit werden die energetischen Probleme wesentlich detaillierter als die kostenmäßigen behandelt. Vor allem die Maßnahmen zu einer rationellen Energieverwendung werden diskutiert. Die Überlegungen konzentrieren sich insbesondere auf die Fragen des Energiebedarfs, während Untersuchungen über die Verringerung der Verluste, über die Vermeidung unnötigen Verbrauchs, über Aspekte des Umweltschutzes u.ä. weiteren Arbeiten vorbehalten bleiben.

Als erste Stufe werden analytische Optimierungsberechnungen durchgeführt. Diese berücksichtigen u.a. die Fragen eines wirtschaftlichen Wärmeschutzes von Außenbauteilen, die Möglichkeiten einer energetischen Optimierung von Fenstern unter Berücksichtigung der Transmissionswärmeverluste, der Wärmegewinne durch Sonneneinstrahlung, der natürlichen und künstlichen Beleuchtung sowie die Auswirkungen von Wärmeschutzmaßnahmen auf den Heizbedarf von Gebäuden.

Die Grenzen einer analytischen Bestimmung des Optimums werden bei der näheren Betrachtung dieses Themenkreises offenkundig und zum Teil bereits erreicht. Nur wenn der Leistungs- und Energiebedarf mit Berechnungsmethoden für stationäre oder quasistationäre Vorgänge ermittelt werden kann, ist eine direkte Optimierung möglich. Sollen zeitlich variable Vorgänge betrachtet werden, wie z.B. das Raumklima im Sommer, muß das Wärmespeicherverhalten der Gebäudebauteile einbezogen werden. Da keine analytische Berechnung möglich ist, kann ein Optimum nur durch ein iteratives Verändern der Einflußfaktoren auf den Energiehaushalt des Gebäudes bestimmt werden.

Voraussetzung ist ein Rechenverfahren zur Ermittlung des Leistungs- und Energiebedarfs zur Konditionierung von Räumen und Gebäuden unter Berücksichtigung des Temperaturverhaltens der einzelnen Bauteile, wobei alle für den Energiehaushalt eines Gebäudes relevanten Einflußgrößen bezogen werden müssen, nämlich
— klimatische Verhältnisse der Umwelt
— Raumklima und -nutzung
— Baukonzept
— energietechnische Konzeption

Da die bisherigen Berechnungsmethoden hierfür nicht ausreichen, werden unter Verwendung eines vom Verfasser entwickelten Rechenverfahrens /40/ für das thermische Verhalten von Wänden EDV-Programme erstellt, mit denen die Heiz- und Kühllast von Räumen, der Wärme- und Kältebedarf eines Gebäudes sowie der Temperaturgang der Raumluft unter Berücksichtigung der vorgenannten Einflüsse auch in ihrem zeitlichen Verhalten berechnet werden können. Damit lassen sich nicht nur die Extremwerte, sondern auch der Zeitgang über den Tag, die jahreszeitlichen Veränderungen und der Jahresbedarf bestimmen.

Die mit diesen EDV-Programmen ermittelbaren Ergebnisse gehen weit über den Rahmen der Aussagen hinaus, die sich mit den VDI-Kühl-

lastregeln VDI 2078, der DIN 4701 zur Bestimmung des Wärmebedarfs und der VDI-Richtlinie 2067 zur Ermittlung des Jahreswärmebedarfs ableiten lassen. In einigen Punkten besteht bei Einhaltung bestimmter Randbedingungen die Möglichkeit der Gegenüberstellung von statischen und dynamischen Berechnungsmethoden, wodurch auch die Aussagefähigkeit und die Grenzen der Anwendbarkeit dieser Richtlinien und Normen deutlich wird.

So lassen sich folgende Problemkreise nur behandeln, wenn die zeitlichen Veränderungen der Einflußgrößen und das thermische Speicherverhalten des Gebäudes berücksichtigt werden:
— Einfluß der Bauweise und der Fenstergestaltung auf das Raumklima im Hochsommer
— Ermittlung des Leistungs- und Energiebedarfs zur Raumkonditionierung
— Gleichzeitigkeit beim Leistungsbedarf für Wärme und Kälte
— Möglichkeiten zu Energierückgewinnung und Energiekreisläufen im Gebäude
— Auslegung und Einsatzmöglichkeiten von Wärme- und Kältespeichern zur Spitzenlastsenkung
— Reduzierung der Anschlußleistungen durch Veränderung der Betriebszeiten und Regelung des Raumklimas
— Optimierung des Energieträgereinsatzes bei ein- oder mehrschieniger Versorgung, z.B. hinsichtlich Erhöhung der Benutzungsdauer.

Durch die Notwendigkeit einer iterativen Vorgehensweise für eine Optimierung muß man in vielen Fällen Vereinfachungen und Vernachlässigungen vornehmen, um eine sinnvolle Relation zwischen Aufwand und Ergebnis zu erhalten, insbesondere da die Variationsbreite der einzelnen Einflußgrößen, insbesondere hinsichtlich Bauweise, Fassadengestaltung, Raumnutzung sowie Art und Betriebsweise der Anlagen zur Raumkonditionierung sehr groß ist.

Durch zwei verallgemeinernde Querschnittsuntersuchungen werden die Auswirkungen einzelner Einfluß- und Bestimmungsgrößen aufgezeigt. Daraus lassen sich Hinweise für die Lage eines Optimums geben.

Es wird analysiert, unter welchen baulichen Voraussetzungen auf eine Raumkühlung und Klimatisierung aus Gründen der thermischen Behaglichkeit verzichtet werden kann. Das hergeleitete Verfahren gestattet eine Abschätzung der zu erwartenden Raumlufttemperaturen auch ohne Computereinsatz. Als wesentliches Entscheidungskriterium wird eine Auskühlzeitkonstante des Raumes definiert, die als Kennzahl für die wirksame Speicherwärme im Raum Rückschlüsse auf die Raumlufttemperatur im Hochsommer unter Einbezug der Fenstergröße, der Sonnenschutzmaßnahmen und einer eventuellen erhöhten Lüftung durch die Fenster ermöglicht.

Nicht in jedem Fall ist jedoch eine Klimatisierung vermeidbar. Insbesondere bei großen Büro- und Geschäftshäusern machen hohen Flächenanteile der Innenzonen, hohe Beleuchtungsstärken und notwendige Betriebszeiten der Beleuchtung sowie die Dichte und tägliche Dauer der Belegung mit Personen und maschinellen Anlagen, nicht zuletzt auch die zunehmende Luftverschmutzung und Lärmbelästigung von außen eine Klimatisierung unumgänglich. Klimaanlagen sollten aus wirtschaftlichen Gründen und wegen der thermischen Umweltbelastung mit möglichst geringem Energieaufwand auskommen. Daher werden die Bedeutung und die Auswirkungen der wesentlichen Einflußfaktoren, wie Gebäudetyp und -lage, Bauweise, Fenstergröße, Sonnenschutzmaßnahmen, Beleuchtungsstärke, Klimaanlagensysteme und Verfahren zur Energierückgewinnung auf den Leistungs- und Energiebedarf ermittelt und die Ergebnisse einander gegenübergestellt. Als Kennzahl kann eine „wirksame spezifische Fensterfläche" definiert werden, die sowohl die Fenstergröße und die Sonnenschutzmaßnahmen als auch den Gebäudetyp und die Gebäudelage einbezieht. Dieser Wert erlaubt Rückschlüsse auf die erforderlichen Zuluftmengen und damit auf den Leistungs- und Energiebedarf zur Klimatisierung. Zusätzliche Parameter sind die Beleuchtungsstärke und die Bauweise. Desweiteren wird gezeigt, welche Einsparungen durch Energierückgewinnung, aber auch durch Reduzierung der Anforderungen an das Raumklima erreicht werden können. Durch die Herleitung dieser Zusammenhänge ist es möglich, die klimatechnischen Anforderungen an ein Gebäude bereits bei der Gebäudekonzeption weitgehend zu berücksichtigen.

Die aufgezeigten Tendenzen können als Ausgangsbasis für eine Optimierung angesehen werden, da sich daraus Eingrenzungen und Selektionen für die Optimierung ergeben. In jedem Einzelfall sollte jedoch eine Wirtschaftlichkeitsberechnung durchgeführt werden. Die notwendigen Grundlagen werden durch die hergeleiteten Berechnungsmethoden zu Ermittlung des Leistungs- und Energiebedarfs für die Raumkonditionierung geliefert.

Literaturverzeichnis

/1/ Schaefer, H.: Die Fragen des heutigen Einflusses durch den Energieeinsatz im Verkehr und Raumheizung auf die Umwelt
Elektrotechnik 52 (1974), H. 13, S. 720/727

/2/ Schaefer, H.: Die Rolle der Energie in der modernen Industriegesellschaft
Deutsches Atomforum, DAtF-Sonderdrucke S-20, Aug. 1974

/3/ DIN 4108: Wärmeschutz im Hochbau, Aug. 1969, Ergänzende Bestimmungen zu DIN 4108, Okt. 1974

/4/ Begriffsbestimmungen in der Energiewirtschaft, Band 1, 4. Auflage
Teil 1: Elektrizitätswirtschaftliche Grundbegriffe
Teil 2: Begriffsbestimmungen der Heizkraftwirtschaft
Teil 3: Begriffsbestimmungen der Wasserkraftwirtschaft
Teil 4: Begriffsbestimmungen der Elektrizitätsübertragung und -verteilung
Verlags- und Wirtschaftsgesellschaft der Elektrizitätswerke, Frankfurt 1973

/5/ DIN 4701: Regeln für die Berechnung des Wärmebedarfs von Gebäuden, Januar 1959

/6/ VDI 2067: Wirtschaftlichkeitsberechnungen von Wärmeverbrauchsanlagen
Blatt 1: Betriebstechnische und wirtschaftliche Grundlagen, Januar 1974
Blatt 2: Raumheizungsanlagen, Januar 1974
Blatt 3: Lüftungstechnische Anlagen, Mai 1975
Blatt 4: Brauchwassererwärmung, Januar 1974
Blatt 5: Wirtschaftswärme, Mai 1975

/7/ VDI 2078: Berechnung der Kühllast klimatisierter Räume (VDI Kühllastregeln), Februar 1972

/8/ Rietschel-Raiß: Heiz- und Klimatechnik
Springer-Verlag, Berlin, Heidelberg, New York 1968/1970, 15. Auflage

/9/ Recknagel-Sprenger: Taschenbuch für Heizung und Klimatechnik
R. Oldenbourg-Verlag, München-Wien 1974, 58. Ausgabe

/10/ Energiebilanzen der Bundesrepublik Deutschland
Verlags- und Wirtschaftsgesellschaft der Elektrizitätswerke mbH, Frankfurt 1971/1976

/11/ Frank, W.: Zur Frage des thermischen Behagens
Gesundheitsingenieur 96 (1975), H. 11, S. 301/305

/12/ Cammerer, J. S.: Der Wärme- und Kälteschutz in der Industrie
Springer-Verlag, Berlin, Göttingen, Heidelberg 1962, S. 329 ff.

/13/ Fanger, P. O.: Thermal Comfort
Mac-Graw-Hill Book Company, New York 1973

/14/ Fanger, P. O.: Beurteilung der thermischen Behaglichkeit des Menschen in der Praxis
Arbeitsmedizin-Sozialmedizin-Präventivmedizin 9 (1974), H. 12, S. 265/269

/15/ Recknagel-Sprenger: Taschenbuch für Heizung und Klimatechnik
R. Oldenbourg-Verlag, München-Wien 1974, 58. Ausgabe, S. 60

/16/ Recknagel-Sprenger: Taschenbuch für Heizung und Klimatechnik
R. Oldenbourg-Verlag, München-Wien 1974, 58. Ausgabe, S. 35 ff.

/17/ Rietschel-   Heiz- und Klimatechnik
     Raiß: Springer-Verlag, Berlin, Heidelberg,
                   New York 1968, 15. Auflage,
                   1. Band, S. 7 ff.

/18/ Grandjean, E.: Wohnphysiologie
                   Verlag für Architektur Artemis, Zü-
                   rich 1973, S. 182/210

/19/ DIN 1946:   Lüftungstechnische Anlagen
                   (VDI-Lüftungsregeln)
                   Blatt 1: Grundregeln, April 1960
                   Blatt 2: Luftbehandlung für Aufent-
                   haltsräume, September 1972

/20/ Grandjean, E.: Wohnphysiologie
                   Verlag für Architektur Artemis, Zü-
                   rich 1973, S. 125 ff.

/21/ Pettenkofer, Über den Luftwechsel in Wohnge-
     M. V.:   bäuden
                   Literarisch-artistische Anstalt d.f.G.
                   Cotta'sche Buchhandlung 1958

/22/ Brandt, H.-J.: Die physiologische und psychologi-
                   sche Bedeutung des Tageslichtes für
                   Menschen und Folgerungen für die
                   Bauplanung
                   Gesundheitsingenieur 97 (1976),
                   H. 6, S. 143/146

/23/   Arbeitsstätten-Richtlinien zur Ar-
                   beitsstättenverordnung
                   Beuth-Verlag, Köln/Berlin 1976

/24/   Handbuch für Beleuchtung
                   Verlag W. Girardet, Essen 1975,
                   4. Auflage, S. 121 ff.

/25/ DIN 5034:   Innenraumbeleuchtung mit Tages-
                   licht, Leitsätze, Dezember 1969
                   Beiblatt 1: Berechnung und Mes-
                   sung, Nov. 1963
                   Beiblatt 2: Vereinfachte Bestim-
                   mung lichttechnisch ausreichender
                   Fensterabmessungen, Juni 1966

/26/ DIN 5035:   Innenraumbeleuchtung mit künstli-
                   chem Licht, Januar 1972

/27/   Richtlinien für die Innenraumbe-
                   leuchtung mit künstlichem Licht
                   in öffentlichen Gebäuden und Schu-
                   len (RibelöG 75)
                   Buch- und Offsetdruckerei Seidl,
                   Bonn-Beuel 1975

/28/   Handbuch für Beleuchtung
                   Verlag W. Girardet, Essen 1975,
                   4. Auflage, S. 137 ff.

/29/ VDI 2719:   Schalldämmung von Fenstern, Ok-
                   tober 1973

/30/ Witta, E.,   Die Berechnung des Zusammenhan-
     E. Snozzi: ges zwischen Bauparametern und
                   Energiekosten
                   Energiehaushalt im Hochbau,
                   Schweizerischer Ingenieur- und Ar-
                   chitekten-Verein, Zürich 1976,
                   S. 25/28

/31/ VDI 2077:   Heizkosten, Januar 1971

/32/ Werner, H.,   Wirtschaftlich optimaler Wärme-
     K. Gertis: schutz von Einfamilienhäusern, Kri-
                   tische Gedanken zu Optimierungs-
                   rechnungen
                   Gesundheitsingenieur 97 (1976),
                   H. 1/2, S. 27/31 und H. 5, S. 97/
                   103

/33/ Ehm, H.:   Beiblatt zur DIN 4108 — Wärme-
                   schutz im Hochbau
                   wksb 21 (1967), H. 2, S. 1/7

/34/ Rouvel, L.:   Baugestaltung als Einflußfaktor der
                   Raumkonditionierung
                   Brennstoff-Wärme-Kraft 27 (1975),
                   Nr. 8, S. 328/331

/35/ Bruckmayer,   Wirtschaftlicher Wärmeschutz —
     F., J. Lang: Teil III, Bauphysikalische Grundla-
                   gen für die Gewährung von Baudar-
                   lehen mit Rückzahlung aus Heiz-
                   kostenersparnis
                   Schriftreihe der Forschungsgesell-
                   schaft für Wohnen, Bauen und Pla-
                   nen, Heft 50

/36/   RWE-Baukalender 1973, Techni-
                   scher Ausbau
                   RWE-Hauptverwaltung, Essen 1973

/37/   Vollwärmeschutz — Kostenübersicht
                   Fa. Grünzweig und Hartmann AG,
                   1972

/38/ Turowski, R.: Verbesserte Gebäudeisolierung mit
                   alternativen Baustoffen — Einfluß
                   auf Heizenergiebedarf und Primär-
                   energiebilanz
                   Kernforschungsanlage Jülich GmbH,
                   Bericht STE IB2/76, August 1976

/39/ Gertis, K.,   Instationäre Berechnungsverfahren
     G. Hauser: für den sommerlichen Wärmeschutz
                   im Hochbau — Eine zusammenfas-
                   sende Darstellung aufgrund des vor-
                   liegenden Schrifttums
                   Berichte aus der Bauforschung,
                   H. 103, S. 27/53

/40/ Rouvel, L.:   Berechnung des wärmetechnischen
                   Verhaltens von Räumen bei dyna-
                   mischen Wärmelasten
                   Brennstoff-Wärme-Kraft 24 (1972),
                   Nr. 6, S. 245/262

/41/ Rouvel, L.:   Berechnung der Heiz- und Kühllast von Bürogebäuden bei allelektrischer Versorgung
Heizung-Lüftung-Haustechnik   25 (1974), Nr. 5, S. 145/148

/42/ Rouvel, L.:   Wirtschaftliche Kombination von Anlagekomponenten für die integrierte Energieversorgung von Gebäuden
Elektrowärme   international   32 (1974), Nr. A2, S. A79/A82

/43/ Dietze, L.:   Außenklimatische Einflußgrößen auf die Heizlast von Bauwerken
Stadt- und Gebäudetechnik Heft 7 (1974), S. 210/215

/44/ Lauscher, F.:   Lufttemperatur, Klimatolographie von Österreich
Springer-Verlag, Wien 1960, 2. Lieferung, S. 186 ff.

/45/ Recknagel-Sprenger: Taschenbuch für Heizung und Klimatechnik
R. Oldenbourg-Verlag, München-Wien 1974, 58. Auflage, S. 9 ff.

/46/ Rietschel-Raiß: Heiz- und Klimatechnik
Springer-Verlag, Berlin, Heidelberg, New York 1970, 15. Auflage, 2. Band, S. 277 ff.

/47/ Mantel, R.:   Neue Erkenntnisse und Entwicklungen bei der Elektroheizung
Elektrizitätsverwendung 50 (1975), Nr. 6, S. 233/254

/48/ Zöllner, G.:   Berechnung der instationären thermischen Raumlast mittels eines Iterationsverfahrens
Gesundheitsingenieur 96 (1975), H. 7/8, S. 177/184

/49/ Häussler, W.:   Lufttechnische Berechnungen im Mollier-i,x-Diagramm
Verlag Theodor Steinkopff, Dresden 1969, S. 4 ff.

/50/ Dietze, L.:   Die neue Heizlastberechnung nach TGL 26760 als Grundlage für optimale technische und ökologische Lösungen
Energieanwendung 25 (1976), H. 5, S. 139/141

/51/ Recknagel-Sprenger: Taschenbuch für Heizung und Klimatechnik
R. Oldenbourg-Verlag, München-Wien 1974, 58. Ausgabe, S. 30 und S. 663

/52/ Schulze, R.:   Strahlenklima der Erde
Dr. Dietrich Steinkopff Verlag, Darmstadt 1970, S. 50 ff.

/53/ Foitzik, L., H. Hinzpeter: Sonnenstrahlung und Lufttrübung
Leipzig 1958

/54/ Recknagel-Sprenger: Taschenbuch für Heizung und Klimatechnik
R. Oldenbourg-Verlag, München-Wien 1974, 58. Ausgabe, S. 24 ff.

/55/ Quenzel, K.-H.:   Meteorologische Daten
Forster-Verlag AG, Zürich 1969, S. 9 ff.

/56/ Valko, P.:   Sonnenbestrahlung von Gebäuden
Hallwag-Verlag, Bern und Stuttgart 1975, S. X ff.

/57/ Sauberer, F., I. Dirmhirn: Das Strahlungsklima. Klimatographie von Österreich
Springer-Verlag, Wien 1958, 1. Lieferung, S. 3 ff.

/58/ Preußker, H.:   Berechnung der Sonneneinstrahlung
TAB 3/72, S. 237/242

/59/ Rietschel-Raiß: Heiz- und Klimatechnik
Springer-Verlag, Berlin, Heidelberg, New York 1970, 15. Auflage, 2. Band, S. 281 ff.

/60/ Recknagel-Sprenger: Taschenbuch für Heizung und Klimatechnik
R. Oldenbourg-Verlag, München-Wien 1974, 58. Ausgabe, S. 1092 ff.

/61/ Sauberer, F., I. Dirmhirn: Das Strahlungsklima. Klimatographie von Österreich
Springer-Verlag, Wien 1958, 1. Lieferung, S. 50

/62/   Beilage zum Medizinisch-Meteorologischen Bericht des Deutschen Wetterdienstes, Hamburg, Jg. 2 (1955) bis Jg. 11 (1964)

/63/   Aufzeichnungen der Tageswerte des Wetteramtes München-Riem für die Jahre 1957 bis 1974

/64/ Recknagel-Sprenger: Taschenbuch für Heizung und Klimatechnik
R. Oldenbourg-Verlag, München-Wien 1974, 58. Ausgabe, S. 1085

/65/   Wärme- und Lichtverhältnisse in Räumen bei sommerlicher Sonneneinstrahlung
Institut für Bauphysik, Stuttgart, Forschungsarbeit im Auftrage des BMFT, Az: B II5-8001-73-38 vom 30. 7. 1976, S. 15 ff.

/66/ Schulze, R.: Strahlenklima der Erde
Dr. Dietrich Steinkopff Verlag,
Darmstadt 1970, S. 132 ff.

/67/ Handbuch für Beleuchtung
Verlag W. Girardet, Essen 1975,
4. Auflage, S. 99 und S. 121

/68/ Leitfaden zur System-Auslegung
Heft 1: Kühl- und Heizlastberechnung
Carrier Corporation, Zürich 1960,
2. Auflage, S. 41

/69/ Keyes, M. W.: Kenngrößen zum Bewerten von
Fenstervorhängen
Heizung-Lüftung-Haustechnik   23
(1972), Nr. 9, S. 298/300

/70/ Gröber, Erk, Die Grundgesetze der Wärmeüber-
Grigull: tragung
Springer-Verlag, Berlin, Göttingen,
Heidelberg 1963, 3. Auflage,
S. 392 ff.

/71/ Schmidt, E.: Einführung in die Technische Ther-
modynamik
Springer-Verlag, Berlin, Göttingen,
Heidelberg 1963, 10. Auflage,
S. 405 ff.

/72/ Nikhanen, M.: Reichen die Kühllastregeln nach
VDI 2078 in der Klimatechnik aus?
Wärme-, Klima- und Sanitärtechnik
23 (1971), S. 303

/73/ Masuch, J.: VDI 2078 — Ergänzungen zu den
Speicherfaktoren
Wärme-, Klima- und Sanitärtechnik
24 (1972), S. 194/196

/74/ Raiss, W.: Die Deutschen Kühllastregeln
Heizung-Lüftung-Haustechnik   21
(1970), Nr. 7, S. 227/248

/75/ Rouvel, L.: Dynamische Wärme- und Kältebe-
darfsrechnung
VDI-Berichte Nr. 282, 1977, S. 97/
103

/76/ Flaschar, W., Erhöhter Wärmeschutz bei Bauten
K. Reiter, des Landes Nordrhein-Westfalen
L. Rouvel, Staatliche Bauverwaltung Nord-
H. Schaefer: rhein-Westfalen, August 1974

/77/ Aktionsprogramm Hochschulbau
1975—1980, Land Nordrhein-Westfalen

/78/ Dittrich, A.: Zum Jahreswirkungsgrad von Ein-
und Mehrkesselanlagen
Heizung-Lüftung-Haustechnik   23
(1972), Nr. 12, S. 381/386

Sachverzeichnis